グラフの数え上げ
母関数を礎にして

田澤 新成 著

Graphical **E**numeration based on
Generating **F**unction

共立出版

まえがき

　点と線（辺）を構成要素にする図形（グラフと呼ばれる）を数える技法を読者に学んでほしいという願いから，本書をしたためた．グラフの構造を考察する場合，まず，小規模の簡単なグラフを列挙してみたくなる．組合せ数学を学ぶ者は，簡単な例を数多くあたり，そこから一般的な考察を行うことが肝要である．たとえば，順列の構造を調べるとする．その場合，まず，4個の文字 a, b, c, d の順列すべての列挙を試みる．順列を列挙していくうちに，これですべてかな？　重複したものはないかな？　と不安になる．このとき，順列の個数が $4! = 24$ とわかっておれば，列挙したものが 24 個あると安心する．グラフを考察する場合も例外ではない．4個の点を紙面に付し，点同士を線で結んでいくとする．このとき，いく通りのグラフがあるかがわかっておれば，描きやすくなる．いくつあるか「数え上げる」を名詞化し，こういった試行は「数え上げ」と呼ばれている．筆者はグラフの数え上げを研究対象として，長年それに携わってきた．筆者がグラフの数え上げの研究を始めた頃は，国内では，「数え上げ」という用語があまり一般的でなかったように思われる．

　「グラフの数え上げ」は，現在，グラフ理論の1つの分野を成している．グラフ理論の書籍は，翻訳本を含め，国内で数多く発行されている．しかし，グラフの数え上げは，見渡す限りこれらの各書籍の最後の章でほんの少し取り上げられるか，または全く取り上げられていないというのが現状である．この現状は，これからグラフの数え上げを勉強し，研究してみようという諸氏

にとってたいへん不満足なものであろう．その意味で，本書は，読者にとって好適な書物になると確信している．また，本書はグラフに限らず，他の分野における数え上げに大いに役立つと信じている．

本書は6つの章から構成されている．第1章で母関数を考察する．それは，第3章以下で取り扱うグラフの数え上げの考察に母関数を用いるからである．母関数はグラフの数え上げに限らず離散的問題の解法にも力強い道具となることはよく知られている．それの使用にあたり母関数の基本的な事柄を知っておくことが肝要である．この章では，母関数の基本的性質について述べた後，母関数がどのようなところで用いられているかを例題を通して見ていくことにする．この章の最終節では，グラフの数え上げの考察にとって有用な反転公式をいくつか述べる．

第2章から最後の章までは，グラフの数え上げの考察にあてられる．グラフの数え上げについての歴史を少しひもといてみると，A. Cayley は 1800 年代の後半に炭化水素の数え上げを試み，点の個数をパラメータとする木の個数に関する公式を発表した．その後，いく人かの化学者や数学者によりグラフの数え上げ問題の考察が行われた．とりわけ数学的な方面から積極的に研究が進められた．そのような中に現れたのが J. H. Redfield であった．彼は数え上げの方法として先進的な結果を残したけれども，ひとたび彼の業績は完全に埋もれたものになった．その後，G. Pólya の定理のグラフの数え上げへの適用が起爆剤となって，Redfield の業績が認められるようになった．Pólya の定理の使いやすさから，Pólya はグラフ理論および化学的対象の数え上げの分野に大きく貢献してきてきた．彼は母関数の技法と置換群の基本的定理とを結びつけることにより，数え上げ問題を一般的に取り扱うことを可能にした．本書はその理論を第4章で見ることにする．1950 年代から F. Harary をはじめ多くのグラフ理論研究者によりグラフの数え上げの研究が精力的に行われ，非常に多くの成果が得られている．

第2章では本書に用いられる用語の説明を行い，またグラフを描く方法を示す．第3章ではグラフの点への標識が異なれば，標識づけられたグラフ同士は異なっているという基準のもとでのグラフの数え上げ，つまり標識グラフの数え上げを考察する．第4章では，グラフの形のみに注目した，グラフ理論の用語でいえば，グラフの同型性に注目したグラフの数え上げ，つまり非

標識グラフの数え上げの考察を行う．この章は上で見た Pólya の定理に従っての考察である．第 5 章において，Pólya の定理の一般化の考察を行う．第 6 章において特定のグラフ（自己補グラフ）の数え上げ問題を取り上げ，それの考察を行う．この章の最終節で，未解決であった問題「標識づけられた自己補グラフを数え上げよ」の考察を行う．この問題の解決は筆者 (Tazawa) 自身によってなされたものである．

第 1 章の母関数は他の分野にとっても大いに用途のあることから，読者は第 1 章を読み切られるだけでも有用であろう．グラフ理論の勉強を始めたばかりの読者は第 1 章から順に読まれることが望ましい．すでにグラフ理論を勉強されてきた読者，置換群を少し勉強された読者は第 3 章をとばして第 4 章を先に読まれても面白く興味を持たれると思う．

まえがきを終えるにあたり，本書の執筆にあたり懇切丁寧なアドバイスをいただいた近畿大学理工学部理学科数学教室の山下登茂紀先生並びに東北大学理学部数学科数学教室の大野泰生先生にお礼申し上げたい．

また，本書の出版に際してお世話になった共立出版(株)の取締役・教科書推進室室長寿日出男氏，および編集・校正などで終始ご尽力いただいた編集部大越隆道氏に対し，ここに深く感謝いたします．

2014 年 4 月

著者

目次

第1章 母関数   1
   1.1 母関数とは？ 1
   1.2 母関数の代数的性質 3
   1.3 漸化式 8
   1.4 組合せ論的等式 12
   1.5 反転公式 14

第2章 グラフとは   25
   2.1 グラフとは 25
   2.2 標識グラフの描画 29

第3章 標識グラフの数え上げ   35
   3.1 数え上げの基本的理解 35
   3.2 いろいろな標識グラフ 40
      3.2.1 連結グラフ 41
      3.2.2 奇点個数による数え上げ 44
      3.2.3 標識木 50
      3.2.4 標識ブロック 52

第4章　非標識グラフの数え上げ　　61

- 4.1 配置とその同値性 ... 62
- 4.2 グラフと群 ... 63
- 4.3 Cauchy-Frobenius ... 64
  - 4.3.1 Cauchy-Frobenius の補題 ... 64
- 4.4 Cauchy-Frobenius の補題の応用 ... 67
  - 4.4.1 R^D への応用 ... 67
  - 4.4.2 非標識グラフへの応用 ... 68
- 4.5 重み関数 ... 73
- 4.6 巡回指数 ... 75
- 4.7 数え上げの基本定理 ... 79
  - 4.7.1 Pólya の定理 ... 79
    - 4.7.1.1 1変数の場合 ... 79
    - 4.7.1.2 2変数の場合 ... 83
  - 4.7.2 1:1写像 ... 85
- 4.8 グラフの数え上げ ... 87
- 4.9 連結グラフの数え上げ ... 87
  - 4.9.1 位数をパラメータとした場合 ... 87
  - 4.9.2 位数および大きさをパラメータにした場合 ... 90
- 4.10 互いに同型でない非標識な連結成分を持つ非標識グラフの数え上げ ... 92
- 4.11 2部グラフの数え上げ ... 93
- 4.12 木の数え上げ ... 97
  - 4.12.1 根つき木の数え上げ ... 98
  - 4.12.2 非標識木の数え上げ ... 101

第5章　べき群数え上げ定理　　107

- 5.1 べき群による数え上げ ... 107
- 5.2 べき群による配置数え上げ級数 ... 112

第6章　自己補グラフ　　117

- 6.1 自己補グラフと群 ... 117

	6.2	Read による非標識自己補グラフの数え上げ	121
	6.3	Royle 予想	122
	6.4	標識自己補グラフの数え上げ	127
		6.4.1 自己補グラフを数える	128

付録 A 補題 1.5.5 の証明 — 137

付録 B 位数 5 の標識グラフとそれの群の位数 — 141
- B.1 位数 5 の標識グラフ 141
- B.2 対応する群の位数 145

付録 C 共役類 — 147

付録 D 巡回指数 — 151
- D.1 $\mathfrak{S}_n$ の巡回指数 151
- D.2 交代群 $\mathfrak{A}_n$ の巡回指数 152
- D.3 巡回群の巡回指数 153
- D.4 二面体群の巡回指数 153
- D.5 対群 $\mathcal{P}_n$ の巡回指数 154
- D.6 $\mathfrak{S}_m \times \mathfrak{S}_n$ の巡回指数 155
  - D.6.1 $m \neq n$ の場合 155
  - D.6.2 $m = n$ の場合 156
- D.7 $\mathfrak{S}_2[\mathfrak{S}_n]$ の巡回指数 157
- D.8 $(\mathfrak{S}_2[\mathfrak{S}_n])'$ の巡回指数 158
- D.9 べき群 B^A の巡回指数 159
  - D.9.1 $A = \mathfrak{S}_n, B = \mathfrak{S}_2$ の場合 159
  - D.9.2 $A = $ 巡回群 $C_n, B = \mathfrak{S}_2$ の場合 159
  - D.9.3 $A = $ 二面体群 $D_n, B = \mathfrak{S}_2$ の場合 160
  - D.9.4 $A = $ 対群 $\mathcal{P}_n, B = \mathfrak{S}_2$ の場合 160

参考文献 — 161

索 引 — 165

第1章 母関数

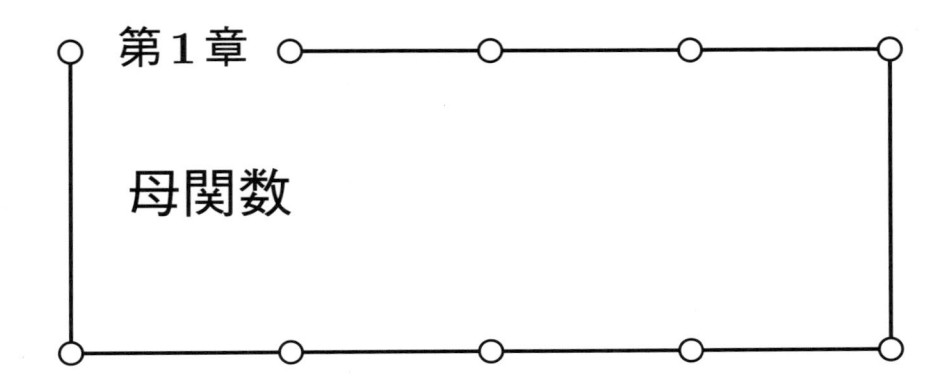

1.1 母関数とは？

　有限集合の元の個数を数えることは，組合せ論における数え上げの分野にとって基本的な課題といえる．有限集合 S_i の元の個数を $f(i)$ とすると，各 i について $f(i)$ を個々に求めることも考えられるが，有限個，もしくは無限個の $f(i)$ を"一括"して求めようとする場合もある．この両者に有用な方法として母関数へのアプローチがある．母関数は数学の中で広く使われている．ここにその諸点をあげておこう．

- **(1)** 1つの文字に1つの母関数を対応させることにより，可能な文字列の構成を見ることができ，それらの個数を知ることができる．
- **(2)** 数列の一般項に関する公式が得られる．$f(i)$ に対する漸化式が与えられている場合，数列に対する母関数からその数列の一般項が導かれる．
- **(3)** 新しい漸化式を見つけることができる．母関数から数列について新しい漸化式を見出すことができ，数列の1つの性質を観察することも可能となる．
- **(4)** 等式の証明を可能とする．組合せ数学を含めた数学のいろいろな箇所で数多くの等式に出会う．そのような等式を示す1つの方法に母関数を用いることがある．示すべき等式の左辺に対応する母関数と右辺に対応する母関数が同じ関数であることを見ることによって等式の確立を保証する．

2　第1章　母関数

(5) 　数理統計学の中でも広く用いられる．確率分布の平均，分散といった統計量を母関数（確率母関数とか積率母関数とか呼ばれている）から即座に求めることができる．

数列 $\{a_n\}$ の第 n 項 a_n を x^n の係数とする形式的ベキ級数

$$F(x) = a_0 + a_1 x + a_2 x^2 + \cdots + a_n x^n + \cdots \tag{1.1.1}$$

を数列 $\{a_n\}$ の通常型母関数と呼ぶ．これに対し，a_n を $\frac{x^n}{n!}$ の係数とする形式的ベキ級数

$$F(x) = a_0 + a_1 \frac{x}{1!} + a_2 \frac{x^2}{2!} + \cdots + a_n \frac{x^n}{n!} + \cdots \tag{1.1.2}$$

を数列 $\{a_n\}$ の指数型母関数と呼ぶ．

例 1.1.1. n 個のものから r 個とった組合せの数は2項係数 $\binom{n}{r}$ であることはよく知られている．2項係数 $\binom{n}{r}$, $r = 1, 2, \ldots, n$, に対する通常型母関数は

$$\binom{n}{0} + \binom{n}{1} x + \cdots + \binom{n}{n} x^n$$

である．n 個のものから r 個とった順列の数は $\frac{n!}{(n-r)!}$ であり，この数を要素にする数列 $\{1, \frac{n!}{(n-1)!}, \frac{n!}{(n-2)!}, \ldots, \frac{n!}{(n-r)!}, \ldots, n!\}$ の指数型母関数は

$$1 + \frac{n!}{(n-1)!} \frac{x}{1!} + \frac{n!}{(n-2)!} \frac{x^2}{2!} + \cdots + \frac{n!}{(n-r)!} \frac{x^r}{r!} + \cdots + n! \frac{x^n}{n!}$$

である．数列 $\{\binom{n}{r}\}$ の通常型母関数と数列 $\{\frac{n!}{(n-r)!}\}$ の指数型母関数，どちらも $(1+x)^n$ に等しいことが観察される．

例 1.1.2. 数列 $\{1, 1, \ldots, 1, \ldots\}$ の通常型母関数は

$$\frac{1}{1-x} = 1 + 1 \cdot x + 1 \cdot x^2 + \cdots + 1 \cdot x^n + \cdots$$

であり，指数型母関数は

$$e^x = 1 + 1 \cdot \frac{x}{1!} + 1 \cdot \frac{x^2}{2!} + \cdots + 1 \cdot \frac{x^n}{n!} + \cdots \tag{1.1.3}$$

である[1]．e^x は $\exp x$ とも表記されることがある．

---
[1] 正確には，e^x は (1.1.3) の右辺で定義される指数型母関数である．

例 1.1.3. 数列 $\{0, -1, -\frac{1}{2}, -\frac{1}{3}, \ldots, -\frac{1}{n}, \ldots\}$ の通常型母関数は

$$\log(1-x) = -x - \frac{1}{2}x^2 - \frac{1}{3}x^3 - \cdots - \frac{1}{n}x^n - \cdots \quad (1.1.4)$$

である[2].

次節で母関数の代数的性質について考察するが，より深く学びたいと思われる読者は，MacMahon [19], Riordan [29], [30], Wilf [33] を参照されたい．

1.2 母関数の代数的性質

ここで，母関数といえば，断らない限り，通常型，指数型の両方を指すものとする．母関数を形式的に考察することは，それを解析学的対象としてではなく，代数学的対象として議論することである．"形式的" と呼ばれるのは，x の値として特定の値に関心があるわけでなく，また収束・発散の問題に関心があるわけでないことに帰因する．母関数の項 x^n または $x^n/n!$ は単に a_n が書かれている場所を示すにすぎない．しかし x のある特定の値に対して母関数の値を考えようとするならば，この母関数を関数論的観点から考察する必要が起こる．とにかく，ここでは母関数を代数学的観点に立って考察する．

母関数からなる族について相等の定義は明白であろう．加法，乗法は，通常の級数の場合と同様に定義される．母関数の加法を

$$\left(\sum_{n=0}^{\infty} a_n x^n\right) + \left(\sum_{n=0}^{\infty} b_n x^n\right) = \sum_{n=0}^{\infty}(a_n + b_n)x^n \quad (1.2.1)$$

または

$$\left(\sum_{n=0}^{\infty} a_n \frac{x^n}{n!}\right) + \left(\sum_{n=0}^{\infty} b_n \frac{x^n}{n!}\right) = \sum_{n=0}^{\infty}(a_n + b_n)\frac{x^n}{n!} \quad (1.2.2)$$

により定める．乗法を

$$\left(\sum_{n=0}^{\infty} a_n x^n\right)\left(\sum_{n=0}^{\infty} b_n x^n\right) = \sum_{n=0}^{\infty} c_n x^n \quad (1.2.3)$$

---

[2] $\log(1-x)$ は (1.1.4) の右辺で定義される通常型母関数である．

（ここで $c_n = \sum_{i=0}^{n} a_i b_{n-i}$），または

$$\left(\sum_{n=0}^{\infty} a_n \frac{x^n}{n!}\right)\left(\sum_{n=0}^{\infty} b_n \frac{x^n}{n!}\right) = \sum_{n=0}^{\infty} d_n \frac{x^n}{n!} \tag{1.2.4}$$

（ここで $d_n = \sum_{i=0}^{n} \binom{n}{i} a_i b_{n-i}$）により定める．加法，乗法の結合律，交換律，および加法に関する乗法の分配律など代数のよく知られた法則が成り立つ．

導関数の定義をしておこう．母関数論では，以下で定義する導関数を形式導関数といい，母関数 $F(x)$ の形式導関数を，解析学で用いられているように，$F'(x)$, $\frac{dF}{dx}$ と書く．通常型母関数 $F(x) = \sum_{n=0}^{\infty} a_n x^n$ の形式導関数 $F'(x)$ を

$$\sum_{n=1}^{\infty} n a_n x^{n-1} = \sum_{n=0}^{\infty} (n+1) a_{n+1} x^n$$

により定める．指数型母関数 $F(x) = \sum_{n=0}^{\infty} a_n \frac{x^n}{n!}$ の形式導関数 $F'(x)$ を

$$\sum_{n=1}^{\infty} a_n \frac{x^{n-1}}{(n-1)!} = \sum_{n=0}^{\infty} a_{n+1} \frac{x^n}{n!}$$

により定める．解析学でよく知られている微分法則はそのまま適用される．すなわち

$$(F+G)' = F' + G' \qquad (FG)' = F'G + FG'$$

が成り立つ．

母関数 $F(x)$ に対し，$F(x)G(x) = 1$（この式の右辺の 1 は数列 $\{1, 0, 0, \ldots\}$ の母関数である）を満たす母関数 $G(x)$ が存在するならば，$G(x)$ は $F(x)$ の逆母関数といわれる．次の定理が知られている．

定理 1.2.1. 母関数 $F(x)$ が逆母関数を持つための必要十分条件は $F(0) \neq 0$ である．さらに逆母関数は一意的に定まる（$F(x)$ の逆母関数は $F(x)^{-1}$ と書かれる）．ここで，$F(0)$ は $F(x)$ の定数項（x^0 の係数）を表す．

証明. $F(x)$ を通常型母関数 $\sum_{n=0}^{\infty} a_n x^n$ とする．ここで，$a_0 = F(0)$ である．$F(x)$ が逆母関数 $G(x) = \sum_{n=0}^{\infty} b_n x^n$ を持つとする．このとき $F(x)G(x) = 1$ が成り立ち，(1.2.3) に従って $c_0 = 1 = a_0 b_0$．よって $a_0 \neq 0$ であり，$b_0 = \frac{1}{a_0}$ である．さらに，(1.2.3) により $n \geqq 1$ に対し $c_n = 0 = \sum_{i=0}^{n} a_i b_{n-i}$ であり，これから式

$$b_n = -\frac{1}{a_0} \sum_{i=1}^{n} a_i b_{n-i} \qquad (n \geqq 1) \tag{1.2.5}$$

が得られ，このことは $b_1, b_2, \ldots$ が一意的に決まることを示している．

逆に $a_0 \neq 0$ とする．このとき，$b_0 = \frac{1}{a_0}$ をとり，(1.2.5) から $b_1, b_2, \ldots$ を決定することができ，$\sum_{n=0}^{\infty} b_n x^n$ は $F(x)$ の逆母関数であることがわかる．$F(x)$ が指数型母関数の場合も同じように証明される． ∎

逆母関数について一例をあげておく．等式

$$(1-x)(1+x+x^2+x^3+\cdots) = 1$$

が成り立つから，通常型母関数 $1-x$ は逆母関数を持ち，その逆母関数は $\frac{1}{1-x} = 1 + x + x^2 + x^3 + \cdots$ である．

母関数 $F(x), G(x), H(x)$ に対し，$F(0) \neq 0$ かつ $F(x)G(x) = H(x)$ ならば $G(x) = F(x)^{-1} H(x)$ である．また

$$(F(x)G(x))^{-1} = F(x)^{-1} G(x)^{-1}, \qquad (F(x)^{-1})^{-1} = F(x)$$

が成り立つ．

母関数 $F(x), G(x)$ を考える．$F(x) = \sum_{n=0}^{\infty} a_n x^n$, $G(x) = \sum_{n=0}^{\infty} b_n x^n$ ならば，関数の合成 $F(G(x))$ は

$$F(G(x)) = \sum_{n=0}^{\infty} a_n G(x)^n \tag{1.2.6}$$

を意味する．(1.2.6) における右辺の各項を展開することにより x のべきの係数を知ることができるかもしれない．ここでは，x の各べきの係数は

$a_0, a_1, a_2, \ldots, b_0, b_1, b_2, \ldots$ のうちの有限個のものの積和で表されるものとする．つまり，x のべきの係数が "有限回" の過程のみを経て計算できるということである．このことは，$G(0) = 0$ もしくは $F(x)$ が多項式である場合に可能である．たとえば，$G(0) = 0$ の場合，(1.2.6) において x^{30} の係数を求めることを試みよう．

$$\begin{aligned} a_n G(x)^n &= a_n (b_1 x + b_2 x^2 + \cdots)^n \\ &= a_n x^n (b_1 + b_2 x + \cdots)^n \end{aligned}$$

と書けるから，$n > 30$ となる n に対し，$a_n G(x)^n$ は x^{30} の係数の計算に寄与しないことがわかる．このことから，x^{30} の係数は $a_0, a_1, a_2, \ldots, a_{30}, b_1, b_2, \ldots, b_{30}$ のうちのいくつかの積和で表される．これから以降，母関数 $F(x), G(x)$ に対し関数の合成 $F(G(x))$ を考える場合，以下の条件を課すものとする．

$$G(0) = 0 \text{ もしくは } F(x) \text{ は多項式である．}$$

$F(G(x))$ の形式導関数は

$$\frac{dF(G(x))}{dx} = \frac{dG(x)}{dx} \frac{dF(G(x))}{dG(x)}$$

である．以下 4 つの定理は初等解析学の中で見られる類似の結果である．これら 4 つの定理は母関数論の中におけるある特有な条件のもとで成り立つものであり，母関数を考察する上でたいへん有効な定理である．

定理 1.2.2. 母関数 $F(x)$ を考える．ただし $F(0) \neq 0$ とする．このとき，自然数 n に対し
$$\frac{d F(x)^{-n}}{dx} = -n F(x)^{-n-1} F'(x) \tag{1.2.7}$$

である．

証明． $G(x) = F(x)^{-n}$ とおくと，$F(x)^n G(x) = 1$ である．

$$\frac{d F(x)^n G(x)}{dx} = n F(x)^{n-1} F'(x) G(x) + F(x)^n G'(x) = 0$$

であるから等式 (1.2.7) を得る． ∎

1.2 母関数の代数的性質

母関数 $F(x)$ に対し, $F'(x) = 0$ は $F(x)$ の第 2 項から先の x のべきの係数がすべて 0 であることを示しており, 次の定理が成り立つことがわかる.

定理 1.2.3. 母関数 $F(x)$ に対し $F'(x) = 0$ ならば, $F(x) = F(0)$, すなわち $F(x)$ は定数である.

定理 1.2.4. 母関数 $F(x)$ を考える. ただし $F(0) = 1$ とする. このとき

$$F(x)\frac{d\log F(x)}{dx} = F'(x) \tag{1.2.8}$$

が成り立つ.

証明. まず $1 - F(0) = 0$ に注意する. $\log F(x) = \log(1 - (1 - F(x)))$ であるから, 例 1.1.3 から

$$\log F(x) = -\sum_{n=1}^{\infty} \frac{(1 - F(x))^n}{n}$$

と書くことができる. 両辺を微分する. 例 1.1.2 より

$$\frac{d\log F(x)}{dx} = F'(x) \sum_{n=1}^{\infty} (1 - F(x))^{n-1} = F'(x) \cdot \frac{1}{1 - (1 - F(x))}.$$

よって $\frac{d\log F(x)}{dx} = F'(x)F(x)^{-1}$, すなわち等式 (1.2.8) が成り立つ. ∎

ここで, 定理 1.2.4 から導かれる 1 つの定理を述べておこう.

定理 1.2.5. $F(0) = 1, G(0) = 0$ を満たす母関数 $F(x), G(x)$ を考える. このとき, $\log F(x) = G(x)$ ならば, $e^{G(x)} = F(x)$ である. 逆に, $e^{G(x)} = F(x)$ ならば, $\log F(x) = G(x)$ である.

証明. $\log F(x) = G(x)$ が成り立つとする. $F(0) = 1$ より $F(x)$ が逆母関数 $F(x)^{-1}$ を持つ.

$$\frac{d}{dx}(F(x)^{-1} e^{\log F(x)}) = -F(x)^{-2}F'(x)e^{\log F(x)} + F(x)^{-1}\left(\frac{d\log F(x)}{dx}\right)e^{\log F(x)} \tag{1.2.9}$$

となり，定理 1.2.4 により (1.2.9) の右辺の第 2 項は

$$F(x)^{-1}\left(\frac{d\log F(x)}{dx}\right)e^{\log F(x)} = F(x)^{-2}\left\{F(x)\left(\frac{d\log F(x)}{dx}\right)\right\}e^{\log F(x)}$$
$$= F(x)^{-2}F'(x)e^{\log F(x)}$$

と書けるから，$\frac{d}{dx}(F(x)^{-1}e^{\log F(x)}) = 0$ を得る．$F(0) = 1$ に注意し，定理 1.2.3 により

$$F(x)^{-1}e^{\log F(x)} = 1 \quad \text{すなわち} \quad e^{G(x)} = F(x)$$

を得る．

逆に，$e^{G(x)} = F(x)$ が成り立つとする．このとき，

$$F(x)\frac{d}{dx}(\log F(x) - G(x)) = F(x)\frac{d\log F(x)}{dx} - F(x)G'(x). \quad (1.2.10)$$

(1.2.10) の右辺の第 1 項は定理 1.2.4 により $F'(x)$ となり，第 2 項は $e^{G(x)} = F(x)$ により $F(x)G'(x) = \frac{d}{dx}e^{G(x)} = F'(x)$ となるから

$$F(x)\frac{d}{dx}(\log F(x) - G(x)) = F'(x) - F'(x) = 0$$

であることがわかる．$F(x)$ は逆母関数を持つから，$\frac{d}{dx}(\log F(x) - G(x)) = 0$ が成り立つ．この式に定理 1.2.3 を適用し，$F(0) = 1$ かつ $G(0) = 0$ であるから，$\log F(x) = G(x)$ が成り立つことがわかる．■

1.3　漸化式

漸化式を満たす数列の一般項を求める方法はいくつかあるが，その中でも母関数を用いる方法は興味ある方法の 1 つである．この方法を以下に示す例で学んでいこう．

例 1.3.1. 漸化式

$$a_n = a_{n-1} + a_{n-2} \ (n \geqq 2), \quad a_0 = a_1 = 1$$

を考えよう．この漸化式を満たす数列はよく知られたもので，フィボナッチ数列という名で知られる数列である．それの通常型母関数を $A(x) = \sum_{n=0}^{\infty} a_n x^n$

とおく．$A(x) = a_0 + a_1 x + \sum_{n=2}^{\infty} a_n x^n$ と書き，この式の右辺の第 3 項に与えられた漸化式を代入して

$$(1 - x - x^2)A(x) = a_0 + (a_1 - a_0)x$$

が得られる．$1 - x - x^2$ の定数項は零でないので，定理 1.2.1 により $1 - x - x^2$ は逆母関数

$$\frac{1}{1-x-x^2} = \frac{1}{\sqrt{5}} \sum_{n=0}^{\infty} \left\{ \left(\frac{1}{\alpha}\right)^{n+1} - \left(\frac{1}{\beta}\right)^{n+1} \right\} x^n \qquad (1.3.1)$$

を持つ．ここで，$\alpha = \frac{-1+\sqrt{5}}{2}$, $\beta = \frac{-1-\sqrt{5}}{2}$ は 2 次方程式 $1 - x - x^2 = 0$ の解である．$1 - x - x^2$ の逆母関数は，$\frac{1}{1-x-x^2} = -\frac{1}{\sqrt{5}}\left(\frac{1}{x-\alpha} - \frac{1}{x-\beta}\right)$ と書きなおすことにより導かれる．$\alpha\beta = -1$ を用い，$a_0 = a_1 = 1$ に注意して

$$A(x) = \frac{1}{\sqrt{5}} \sum_{n=0}^{\infty} \left\{ \left(\frac{1+\sqrt{5}}{2}\right)^{n+1} - \left(\frac{1-\sqrt{5}}{2}\right)^{n+1} \right\} x^n$$

となり，数列 $\{a_n\}$ の一般項 a_n は

$$a_n = \frac{1}{\sqrt{5}} \left\{ \left(\frac{1+\sqrt{5}}{2}\right)^{n+1} - \left(\frac{1-\sqrt{5}}{2}\right)^{n+1} \right\}$$

で表される．

例 1.3.2. 漸化式

$$a_n = \sum_{k=1}^{n-1} a_k a_{n-k} \quad (n \geqq 2, a_0 = 0, a_1 = 1) \qquad (1.3.2)$$

を満たす数列 $\{a_n\}$ を考えよう．a_n は Eugène Charles Catalan (1814–1894) [3] にちなんでカタラン数と呼ばれている．式 $x_1 x_2 \cdots x_n$ に対し 2 項演算を実行する．その際，括弧が演算の仕方の順序を指定する．実行されるべき演算の回数が a_n である．たとえば

$(x_1(x_2(x_3 x_4))), (x_1((x_2 x_3)x_4)), ((x_1 x_2)(x_3 x_4)), ((x_1(x_2 x_3))x_4), (((x_1 x_2)x_3)x_4)$

であるから $a_4 = 5$ である．さて，漸化式 (1.3.2) を満たす数列 $\{a_n\}$ の一般項 a_n を求めよう．$A(x) = \sum_{n=0}^{\infty} a_n x^n$ とおく．$a_0 = 0$ より

$$A(x)^2 = \sum_{k=1}^{\infty} \sum_{l=1}^{\infty} a_k a_l x^{k+l} = \sum_{n=2}^{\infty} \left(\sum_{k=1}^{n-1} a_k a_{n-k} \right) x^n$$

となる．(1.3.2) を用いて $A(x)^2 = A(x) - a_0 - a_1 x = A(x) - x$ を得る．したがって $A(x)$ に関する 2 次方程式 $A(x)^2 - A(x) + x = 0$ が得られ，$A(x)$ は $\frac{1-\sqrt{1-4x}}{2}$ もしくは $\frac{1+\sqrt{1-4x}}{2}$ に等しい．$\sqrt{1-4x}$ は

$$\sqrt{1-4x} = 1 + \sum_{n=1}^{\infty} \frac{\frac{1}{2}(\frac{1}{2}-1)(\frac{1}{2}-2)\cdots(\frac{1}{2}-n+1)}{n!}(-4x)^n$$
$$= 1 + \sum_{n=1}^{\infty} \frac{-1}{2n-1} \binom{2n}{n} x^n$$

と展開される．$a_1 = 1$ であるから，漸化式 (1.3.2) により $a_n > 0$ ($n = 1, 2, 3, \ldots$) である．したがって，

$$A(x) = \frac{1 - \sqrt{1-4x}}{2}$$

である．それゆえ，$\sqrt{1-4x}$ の展開式から

$$a_n = \frac{1}{2(2n-1)} \binom{2n}{n} = \frac{1}{n} \binom{2(n-1)}{n-1}$$

となる．

例 1.3.3. 上記 2 つの例は，通常型母関数を対象にした方法の例示であったが，ここで紹介する漸化式は指数型母関数を対象にしたもので，導出された微分方程式を指数型母関数の族の中で考えていくことにする．次の漸化式

$$a_n = (n-1)a_{n-1} + (n-1)a_{n-2} \quad (n \geqq 2, a_0 = 1, a_1 = 0) \tag{1.3.3}$$

を考察する．a_n は整数 $1, 2, \ldots, n$ の順列のうち乱列と呼ばれるものの個数を与えている．乱列とはどの整数もその自然の位置に現れない「すなわち 1 が最初の位置に現れず，2 が 2 番目の位置に現れず，……，そして n が n 番目

の位置に現れないような」順列のことをいう．さて a_n を求めよう．指数型母関数 $A(x) = \sum_{n=0}^{\infty} a_n \dfrac{x^n}{n!}$ をとる．$a_1 = 0$ より

$$A'(x) = \sum_{n=2}^{\infty} a_n \frac{x^{n-1}}{(n-1)!}$$

を得る．この式の右辺に (1.3.3) を代入して，微分方程式

$$A'(x) = xA'(x) + xA(x) \quad \text{すなわち} \ (1-x)A'(x) = xA(x) \tag{1.3.4}$$

が得られる．$A(0) = 1$ であるから，(1.2.8) より $(1-x)A(x)\frac{d \log A(x)}{dx} = xA(x)$ となり，$A(0) \neq 0$ より $A(x)$ が逆母関数を持つので，

$$(1-x)\frac{d \log A(x)}{dx} = x \tag{1.3.5}$$

を得る．(1.3.5) の右辺の x を $x = -(1-x)\frac{d\{\log(1-x)+x\}}{dx}$ で置き換えて，$(1-x)\frac{d \log A(x)}{dx} = -(1-x)\frac{d\{\log(1-x)+x\}}{dx}$ が得られ，両辺に $1-x$ の逆母関数を乗じ，したがって

$$\frac{d\{\log A(x) + \log(1-x) + x\}}{dx} = 0$$

となる．$A(0) = 1$ であり，定理 1.2.3 を用いて，$\log A(x) + \log(1-x) + x = 0$ となる．したがって，定理 1.2.5 により

$$A(x) = \frac{e^{-x}}{1-x} \tag{1.3.6}$$

が得られる．例 1.1.2 を観察して (1.3.6) における $A(x)$ は

$$A(x) = \sum_{k=0}^{\infty} \frac{(-x)^k}{k!} \sum_{l=0}^{\infty} x^l = \sum_{n=0}^{\infty} n! \left(\sum_{k=0}^{n} \frac{(-1)^k}{k!} \right) \frac{x^n}{n!} \tag{1.3.7}$$

と書けるから，数列 $\{a_n\}$ の一般項

$$a_n = n! \sum_{k=0}^{n} \frac{(-1)^k}{k!}$$

が得られる．

1.4 組合せ論的等式

母関数が有用な道具となりうるものに，組合せ論の中でよく出会う 2 項係数に関わる等式の証明がある．母関数の用い方を，漸化式の場合と同様に，例を通して学んでいくことにしよう．最初によく知られた等式の証明をしてみよう．

例 1.4.1.
$$\sum_{k=0}^{n}\binom{n}{k}^{2}=\binom{2n}{n} \qquad (n=0,1,2,\ldots) \tag{1.4.1}$$

が成り立つことが示される．それは，(1.4.1) の左辺は $(1+x)^n(1+x^{-1})^n$ の定数項にあたる．右辺は $x^{-n}(1+x)^{2n}$ の定数項にあたり，

$$(1+x)^{n}(1+x^{-1})^{n}=x^{-n}(1+x)^{2n}$$

ということから，等式 (1.4.1) が成り立つことが保証される．

このように，等式が成り立つということをいうのは，等式の左辺にある数列に対する母関数と右辺にある数列に対する母関数が同じ関数であることを見ることによってなされる．

例 1.4.2. 等式

$$\binom{n}{1}+2\binom{n}{2}+\cdots+k\binom{n}{k}+\cdots+n\binom{n}{n}=n2^{n-1} \qquad (n=1,2,3\ldots) \tag{1.4.2}$$

は，通常型母関数 $\displaystyle\sum_{k=0}^{n}\binom{n}{k}x^{k}=(1+x)^{n}$ の両辺を x で微分し，$x=1$ とおくことにより得られる．

例 1.4.3. 等式

$$\sum_{k=0}^{n}(-1)^{r+k}\binom{n}{k}\binom{k}{r}=\delta_{nr} \qquad (n,r=0,1,2,\ldots) \tag{1.4.3}$$

が成り立つ．ここで δ_{nr} はクロネッカーのデルタ，すなわち

$$\delta_{nr}=\begin{cases} 1 & (n=r \text{ のとき}) \\ 0 & (n\neq r \text{ のとき}) \end{cases}$$

である．等式 (1.4.3) を証明しよう．(1.4.3) の左辺に x^r を乗じ，r について和をとり，それがどのような通常型母関数になるかをみよう．

$$\sum_{r=0}^{\infty}\left\{\sum_{k=0}^{n}(-1)^{r+k}\binom{n}{k}\binom{k}{r}\right\}x^r$$

は，$\sum_{r=0}^{\infty}$ と $\sum_{k=0}^{n}$ を入れ替えることにより，

$$\sum_{k=0}^{n}(-1)^k\binom{n}{k}(1-x)^k \tag{1.4.4}$$

と書き換えられる．ここで，すぐ下で定める 2 項係数に関する定義を用いている．

正整数 k に対し，整数 r が $r<0$ あるいは $k<r$ を満たすとき $\binom{k}{r}=0$. $\tag{1.4.5}$

式 (1.4.4) は，$(1-(1-x))^n = x^n$ となり，したがって，等式

$$\sum_{r=0}^{\infty}\left\{\sum_{k=0}^{n}(-1)^{r+k}\binom{n}{k}\binom{k}{r}\right\}x^r = x^n$$

が得られる．この等式は，(1.4.3) が成り立つことを示している．

例 1.4.4.

$$\sum_{k=0}^{n}\binom{n}{k}\frac{1}{k+1}\frac{1}{n-k+1}=\frac{2(2^{n+1}-1)}{(n+2)(n+1)} \qquad (n=0,1,2,\ldots) \tag{1.4.6}$$

が成り立つことを上記 3 つの例の場合と違って，指数型母関数の積をうまく利用して示すことにしよう．まず，

$$e^x - 1 = \sum_{n=0}^{\infty}\frac{1}{n+1}\frac{x^{n+1}}{n!} \tag{1.4.7}$$

を考えよう．(1.4.7) の右辺を 2 乗して整理すると，

$$\left(\sum_{n=0}^{\infty}\frac{1}{n+1}\frac{x^{n+1}}{n!}\right)^2 = x^2\sum_{n=0}^{\infty}\left\{\sum_{k=0}^{n}\binom{n}{k}\frac{1}{k+1}\frac{1}{n-k+1}\right\}\frac{x^n}{n!} \tag{1.4.8}$$

となる．(1.4.7) の左辺を 2 乗して整理すると，

$$(e^x - 1)^2 = e^{2x} - 2e^x + 1 = x^2 \sum_{n=0}^{\infty} \frac{2^{n+2} - 2}{(n+2)(n+1)} \frac{x^n}{n!} \tag{1.4.9}$$

となり，(1.4.8) と (1.4.9) から等式 (1.4.6) が得られる．

1.5 反転公式

通常型母関数 $F(x), G(x)$ に対し，$e^{F(G(x))}$ について考察する．以下の結果は数え上げの計算にたいへん有効な道具となる．まず，$G(x) = x$ の場合の定理をあげる．

定理 1.5.1. $A(x) = \sum_{m=0}^{\infty} a_m x^m$, $F(x) = \sum_{m=1}^{\infty} b_m x^m$ に対し，$A(x) = e^{F(x)}$ を満たすとする．このとき，$m \geq 1$ に対し，

$$b_m = a_m - \frac{1}{m} \left(\sum_{k=1}^{m-1} k b_k a_{m-k} \right) \tag{1.5.1}$$

が成り立つ．

証明． $x = 0$ とおき，$a_0 = 1$ を得る．$A(x) = e^{F(x)}$ の両辺を x で微分して，

$$\sum_{m=1}^{\infty} m a_m x^{m-1} = \left(\sum_{m=1}^{\infty} m b_m x^{m-1} \right) \exp \left(\sum_{m=1}^{\infty} b_m x^m \right) \tag{1.5.2}$$

$$= \left(\sum_{m=1}^{\infty} m b_m x^{m-1} \right) \sum_{m=0}^{\infty} a_m x^m \tag{1.5.3}$$

$$= \sum_{k=1}^{\infty} \sum_{l=0}^{\infty} k b_k a_l x^{k+l-1} \tag{1.5.4}$$

$$= \sum_{m=1}^{\infty} \sum_{k=1}^{m} k b_k a_{m-k} x^{m-1} \tag{1.5.5}$$

を得る．それゆえ

$$m a_m = \sum_{k=1}^{m} k b_k a_{m-k} = \sum_{k=1}^{m-1} k b_k a_{m-k} + m b_m a_0 \tag{1.5.6}$$

であり，$a_0 = 1$ であることに注意して (1.5.1) を得る． ■

補題 1.5.2. $G(0) = 0$ なる通常型母関数 $G(x)$ を考える．非負整数 k に対し，$G(x)^k = \sum_{m=k}^{\infty} H(m,k)x^m$ と書くと，$H(m,k)$ は $m \geq k$ で定義され，$m \geq k \geq 1$ に対し，等式

$$\frac{m(k-1)}{k}H(m,k) = \sum_{s=k-1}^{m-1} sH(s,k-1)H(m-s,1) \tag{1.5.7}$$

が成り立つ．

証明． $m \geq k \geq 1$ を考える．$G(x)^k = \sum_{m=k}^{\infty} H(m,k)x^m$ の両辺を x で微分し，両辺の x^{m-1} の係数を比較して，

$$k\sum_{s=k-1}^{m-1}(m-s)H(s,k-1)H(m-s,1) = mH(m,k) \tag{1.5.8}$$

が得られる．$G(x)^k = G(x)^{k-1}G(x)$ を考えることにより

$$H(m,k) = \sum_{s=k-1}^{m-1} H(s,k-1)H(m-s,1) \tag{1.5.9}$$

が成り立つことがわかる．(1.5.9) を (1.5.8) に適用して

$$m(k-1)H(m,k) = k\sum_{s=k-1}^{m-1} sH(s,k-1)H(m-s,1) \tag{1.5.10}$$

となるから，等式 (1.5.7) が得られる．∎

$A(x) = \sum_{m=0}^{\infty} a_m x^m$, $F(x) = \sum_{k=1}^{\infty} b_k x^k$ とおき，補題 1.5.2 で取り上げた $G(x)$ に対し，$A(x) = e^{F(G(x))}$ を満たすならば，定理 1.5.1 により

$$\sum_{k=1}^{m} b_k H(m,k) = a_m - \frac{1}{m}\sum_{k=1}^{m-1} k\sum_{l=1}^{k} b_l H(k,l)a_{m-k} \qquad (m \geq 1) \tag{1.5.11}$$

と書ける．

定理 1.5.3. $A(x) = \sum_{m=0}^{\infty} a_m x^m$, $F(x) = \sum_{m=1}^{\infty} b_m x^m$ に対し，$A(x) = e^{F(xA(x))}$ が成り立つとする．このとき，正整数 k に対し $(xA(x))^k = \sum_{m=k}^{\infty} H(m,k) x^m$ と書くと，

$$b_m = H(m+1, 1) - \frac{m+1}{m} \sum_{l=1}^{m-1} \frac{l b_l}{l+1} H(m+1, l+1) \quad (m \geqq 1) \quad (1.5.12)$$

が成り立つ．

証明． $A(x) = e^{F(xA(x))}$ により，$A(0) = 1$ であるから $a_0 = 1$ である．したがって，$(xA(x))^k$ における x^k の係数は 1 であり，$H(k,k) = 1$ であることをまず注意しておく．$xA(x) = \sum_{m=1}^{\infty} H(m,1) x^m$ であるから，$a_m = H(m+1, 1)$ である．したがって (1.5.11) は

$$\sum_{k=1}^{m} b_k H(m,k) = H(m+1, 1) - \frac{1}{m} d_m \quad (1.5.13)$$

と書ける．ここで，$d_m = \sum_{k=1}^{m-1} k \left(\sum_{l=1}^{k} b_l H(k,l) \right) H(m-k+1, 1)$ である．この式の右辺の和のとり方を替えて $d_m = \sum_{l=1}^{m-1} \sum_{k=l}^{m-1} k b_l H(k,l) H(m-k+1, 1)$ と書くことができる．さらに，$H(1,1) = 1$ より

$$d_m = \sum_{l=1}^{m-1} b_l \sum_{k=l}^{m} k H(k,l) H(m+1-k, 1) - m \sum_{l=1}^{m-1} b_l H(m,l) \quad (1.5.14)$$

と書けるから，(1.5.14) の右辺の第 1 項の 2 番目の $\sum$ に (1.5.7) を適用して

$$d_m = \sum_{l=1}^{m-1} b_l \frac{(m+1)l}{l+1} H(m+1, l+1) - m \sum_{l=1}^{m-1} b_l H(m,l) \quad (1.5.15)$$

を得る．それゆえ，(1.5.13) の左辺と (1.5.15) の右辺の第 2 項を考慮して

$$b_m H(m,m) = H(m+1, 1) - \frac{1}{m} \sum_{l=1}^{m-1} b_l \frac{(m+1)l}{l+1} H(m+1, l+1)$$

が得られ，$H(m,m) = 1$ に注意して所望の結果を得る． ∎

次に示す定理は木の数え上げに有効である．

定理 1.5.4. $A(0) = 0$ なる指数型母関数 $A(x) = \sum_{n=0}^{\infty} a_n \dfrac{x^n}{n!}$ が

$$A(x) = xe^{A(x)} \tag{1.5.16}$$

を満たすとする．このとき，$n \geqq 1$ に対して，

$$a_n = a_1^n \cdot n^{n-1} \tag{1.5.17}$$

である．

式 (1.5.17) はラグランジュ (Lagrange) の反転公式を用いて導かれるが，ここでは Abel の公式 [30, p.18] を用いて導く．この公式の証明は Riordan [30, p.18] からの引用であり，付録 A に掲げる．

補題 1.5.5. (Abel の公式)
非負整数 n に対し，等式

$$\frac{(x+y+n)^n}{x} = \sum_{k=0}^{n} \binom{n}{k} (x+k)^{k-1} (y+n-k)^{n-k} \tag{1.5.18}$$

が成り立つ．

定理 1.5.4 の証明. $A(x) = xe^{A(x)}$ の両辺を x で微分し，引き続き x を両辺に掛けると

$$xA'(x) = A(x) + xA'(x)A(x) \tag{1.5.19}$$

が得られる．$A(0) = 0$ であり，(1.5.19) から

$$\sum_{n=1}^{\infty} na_n \frac{x^n}{n!} = \sum_{n=1}^{\infty} a_n \frac{x^n}{n!} + \sum_{n=1}^{\infty} \sum_{l=0}^{n-1} n \binom{n-1}{l} a_{n-l} a_l \frac{x^n}{n!}$$

を得る．$n \geqq 1$ に対し，a_n に関する漸化式

$$\frac{a_{n+1}}{n+1} = \sum_{l=0}^{n-1} \binom{n-1}{l} a_{n-l} \frac{a_{l+1}}{l+1} \tag{1.5.20}$$

が得られる．

この漸化式 (1.5.20) から数列 $\{a_n\}$ の一般項を求めよう．漸化式 (1.5.20) により $a_2 = 2a_1^2$, $a_3 = 9a_1^3$, $a_4 = 64a_1^4$ であることが具体的に観察できる．そこで，$a_n = a_1^n \cdot n^{n-1}$ であろうということが推察できる．これが正しいということを n に関する数学的帰納法により示す．$n = 1$ のときは成立するので，$n \geqq 2$ に対し，$1 \leqq k \leqq n-1$ となるすべての k に対し，$a_k = a_1^k \cdot k^{k-1}$ が成り立つと仮定する．a_n を考える．(1.5.20) に帰納法の仮定を適用して，

$$\begin{aligned}
\frac{a_n}{n} &= \sum_{l=0}^{n-2} \binom{n-2}{l} a_{n-l-1} \frac{a_{l+1}}{l+1} \\
&= a_1^n \sum_{l=0}^{n-2} \binom{n-2}{l} (n-l-1)^{n-l-2} \frac{(l+1)^l}{l+1} \\
&= a_1^n \sum_{k=0}^{n-2} \binom{n-2}{k} (1+k)^{k-1} (1+n-2-k)^{(n-2)-k}
\end{aligned}$$

となる．ここで，補題 1.5.5 を用いる．(1.5.18) において，n を $n-2$ と置き換え，$x = y = 1$ とおくことにより，

$$\frac{a_n}{n} = a_1^n \cdot \frac{(1+1+n-2)^{n-2}}{1} \quad \text{すなわち} \quad a_n = a_1^n \cdot n^{n-1}$$

が得られる．

定理 1.5.4 の証明終わり．

本節の最後に，メービウス関数を考察する．まず，メービウス関数の定義から入る．正整数 n が $n > 1$ ならば，n は一意的に素因数に分解される：

$$n = p_1^{e_1} p_2^{e_2} \cdots p_r^{e_r}. \tag{1.5.21}$$

ここで，p_i は相異なる素数を表す．このとき，メービウス関数 $\mu(n)$ は次のように定義される．

$$\mu(n) = \begin{cases} 1 & (n = 1 \text{ のとき}) \\ 0 & ((1.5.21) \text{ において，ある } i \text{ に対し } e_i \geqq 2 \text{ であるとき}) \\ (-1)^r & ((1.5.21) \text{ で } e_1 = e_2 = \cdots = e_r = 1 \text{ であるとき}). \end{cases} \tag{1.5.22}$$

補題 1.5.6. 正整数 n に対し,

$$\sum_{d|n} \mu(d) = \begin{cases} 1 & (n=1 \text{ のとき}) \\ 0 & (n>1 \text{ のとき}) \end{cases} \tag{1.5.23}$$

が成り立つ.

証明. $n=1$ のときは, 約数はただ 1 つ $d=1$ であるから, $\mu(1)=1$ であり, (1.5.23) が成り立つ. $n>1$ の場合を考える. このとき, n は (1.5.21) と表されているものとし, $n^* = p_1 p_2 \cdots p_r$ と書く. d が n^* の約数でなく n の約数であれば, d は n のある素因数の何乗かを素因数に持つ. したがって, $\mu(d)=0$ である. このことから, 等式

$$\sum_{d|n} \mu(d) = \sum_{d|n^*} \mu(d) \tag{1.5.24}$$

が成り立つ. n^* の素因数から k 個の因数の積を d とすると, $\mu(d) = (-1)^k$ であり, k 個の因数の積は $\binom{r}{k}$ 通りあるから

$$\sum_{d|n^*} \mu(d) = \sum_{k=0}^{r} \binom{r}{k} (-1)^k = (1-1)^r = 0 \tag{1.5.25}$$

となり, (1.5.24) によって (1.5.23) が成り立つことがわかる. ∎

次にメービウスの反転公式と呼ばれる定理を示す.

定理 1.5.7. 正整数 n に対して定義された関数 $f(n)$ と $g(n)$ が

$$f(n) = \sum_{d|n} g(d) \tag{1.5.26}$$

を満たすならば,

$$g(n) = \sum_{d|n} \mu(d) f\left(\frac{n}{d}\right) \tag{1.5.27}$$

となる. 逆に, 後者の式から前者の式を得ることもできる.

証明. まず, 正整数 n に対して, 集合 $D_n = \{(d,d') \mid dd' \text{ は } n \text{ の約数}, d \text{ と } d' \text{ は正整数}\}$ を定める. n の約数 d に対して

$$f\left(\frac{n}{d}\right) = \sum_{d'|(n/d)} g(d')$$

20　第1章　母関数

と書け，
$$\sum_{d|n}\mu(d)f\left(\frac{n}{d}\right)=\sum_{d|n}\mu(d)\sum_{d'|(n/d)}g(d')=\sum_{d|n}\sum_{d'|(n/d)}\mu(d)g(d') \tag{1.5.28}$$

と書ける．(1.5.28) の最右辺は D_n を用いて

$$\sum_{d|n}\sum_{d'|(n/d)}\mu(d)g(d')=\sum_{\substack{d,d'\\(d,d')\in D_n}}\mu(d)g(d') \tag{1.5.29}$$

と表すことができる．さらに，(1.5.29) の右辺は

$$\sum_{\substack{d,d'\\(d,d')\in D_n}}\mu(d)g(d')=\sum_{d'|n}g(d')\sum_{d|(n/d')}\mu(d) \tag{1.5.30}$$

と書き直すことができる．(1.5.30) の右辺は，補題 1.5.6 により $d'\ne n$ に対して $\displaystyle\sum_{d|(n/d')}\mu(d)=0$ であるから

$$\sum_{d'|n}g(d')\sum_{d|(n/d')}\mu(d)=g(n) \tag{1.5.31}$$

となり，等式

$$\sum_{d|n}\mu(d)f\left(\frac{n}{d}\right)=g(n)$$

が得られる．

逆に，(1.5.27) から (1.5.26) を導こう．

$$\sum_{d|n}g(d)=\sum_{d|n}\sum_{d'|d}\mu(d')f\left(\frac{d}{d'}\right)=\sum_{d|n}\sum_{\substack{d',d''\\d'd''=d}}\mu(d')f(d'') \tag{1.5.32}$$

と書ける．(1.5.32) の最右辺は，D_n を用いて

$$\sum_{d|n}\sum_{\substack{d',d''\\d'd''=d}}\mu(d')f(d'')=\sum_{\substack{d',d''\\(d',d'')\in D_n}}\mu(d')f(d'') \tag{1.5.33}$$

と表される．さらに，(1.5.33) の右辺は

$$\sum_{\substack{d',d''\\(d',d'')\in D_n}}\mu(d')f(d'')=\sum_{d''|n}f(d'')\sum_{d'|(n/d'')}\mu(d') \tag{1.5.34}$$

となる．再び補題 1.5.6 により $d'' \neq n$ に対して $\sum_{d'|(n/d'')} \mu(d') = 0$ であるから

$$\sum_{d''|n} f(d'') \sum_{d'|(n/d'')} \mu(d') = f(n)$$

となり，

$$\sum_{d|n} g(d) = f(n)$$

が導かれる． ∎

定理 1.5.7 に類似した次の定理を述べる．

定理 1.5.8. 正整数 m, n に対して定義された関数 $f(m, n)$ と $g(m, n)$ が

$$f(m, n) = \sum_{k|d(m,n)} g\left(\frac{m}{k}, \frac{n}{k}\right) \tag{1.5.35}$$

を満たすならば，

$$g(m, n) = \sum_{k|d(m,n)} \mu(k) f\left(\frac{m}{k}, \frac{n}{k}\right) \tag{1.5.36}$$

となる．ここで，$d(m, n)$ は m と n の最大公約数を表す．

証明． 正整数 m, n に対して，集合 $D_{m,n} = \{(k, k') \mid kk'$ は $d(m, n)$ の約数, k と k' は正整数$\}$ を定める．m と n の公約数 k に対して，

$$f\left(\frac{m}{k}, \frac{n}{k}\right) = \sum_{k'|d\left(\frac{m}{k}, \frac{n}{k}\right)} g\left(\frac{m}{kk'}, \frac{n}{kk'}\right) \tag{1.5.37}$$

と書け，(1.5.37) の右辺は $D_{m,n}$ を用いて

$$\sum_{k'|d\left(\frac{m}{k}, \frac{n}{k}\right)} g\left(\frac{m}{kk'}, \frac{n}{kk'}\right) = \sum_{\substack{k' \\ (k,k') \in D_{m,n}}} g\left(\frac{m}{kk'}, \frac{n}{kk'}\right) \tag{1.5.38}$$

と書ける．したがって，(1.5.27) の右辺は

$$\sum_{k|d(m,n)} \mu(k) f\left(\frac{m}{k}, \frac{n}{k}\right) = \sum_{k|d(m,n)} \mu(k) \sum_{\substack{k' \\ (k,k') \in D_{m,n}}} g\left(\frac{m}{kk'}, \frac{n}{kk'}\right) \tag{1.5.39}$$

となる.さらに,(1.5.39) の右辺は

$$\sum_{k|d(m,n)} \mu(k) \sum_{\substack{k' \\ (k,k') \in D_{m,n}}} g\left(\frac{m}{kk'}, \frac{n}{kk'}\right) = \sum_{\substack{k,k' \\ (k,k') \in D_{m,n}}} \mu(k) g\left(\frac{m}{kk'}, \frac{n}{kk'}\right) \quad (1.5.40)$$

と書き直される.$(k,k') \in D_{m,n}$ に対し,$kk' = k''$ とおくと,k'' は $d(m,n)$ の約数であり,k は k'' の約数であるから,(1.5.40) の右辺は

$$\sum_{\substack{k,k' \\ (k,k') \in D_{m,n}}} \mu(k) g\left(\frac{m}{kk'}, \frac{n}{kk'}\right) = \sum_{k''|d(m,n)} g\left(\frac{m}{k''}, \frac{n}{k''}\right) \sum_{k|k''} \mu(k) \quad (1.5.41)$$

と表される.補題 1.5.6 により $k'' > 1$ に対して $\sum_{k|k''} \mu(k) = 0$ であるから

$$\sum_{k''|d(m,n)} g\left(\frac{m}{k''}, \frac{n}{k''}\right) \sum_{k|k''} \mu(k) = g(m,n)$$

となり,結局

$$\sum_{k|d(m,n)} \mu(k) f\left(\frac{m}{k}, \frac{n}{k}\right) = g(m,n)$$

が得られる. ∎

定理 1.5.8 の系を述べておこう.

系 1.5.9. 正整数 m,n に対して定義された関数 $f(m,n)$ と $g(m,n)$ が

$$f(m,n) = \sum_{k|d(m,n)} \frac{1}{k} g\left(\frac{m}{k}, \frac{n}{k}\right) \quad (1.5.42)$$

を満たすならば,

$$g(m,n) = \sum_{k|d(m,n)} \frac{\mu(k)}{k} f\left(\frac{m}{k}, \frac{n}{k}\right) \quad (1.5.43)$$

となる.

証明. $F(m,n) = d(m,n) f(m,n)$ および $G(m,n) = d(m,n) g(m,n)$ とおく.m と n の公約数 k に対して,$d\left(\frac{m}{k}, \frac{n}{k}\right) = \frac{d(m,n)}{k}$ であるから,(1.5.42) は

$$F(m,n) = \sum_{k|d(m,n)} G\left(\frac{m}{k}, \frac{n}{k}\right) \quad (1.5.44)$$

と書ける．定理 1.5.8 により

$$G(m,n) = \sum_{k|d(m,n)} \mu(k) F\left(\frac{m}{k}, \frac{n}{k}\right) \tag{1.5.45}$$

となる．(1.5.45) は

$$d(m,n)g(m,n) = \sum_{k|d(m,n)} \mu(k) d\left(\frac{m}{k}, \frac{n}{k}\right) f\left(\frac{m}{k}, \frac{n}{k}\right)$$

と書き直される．再び，$d\left(\frac{m}{k}, \frac{n}{k}\right) = \frac{d(m,n)}{k}$ を考慮することにより，所望の結果 (1.5.43) を得る． ∎

第2章

グラフとは

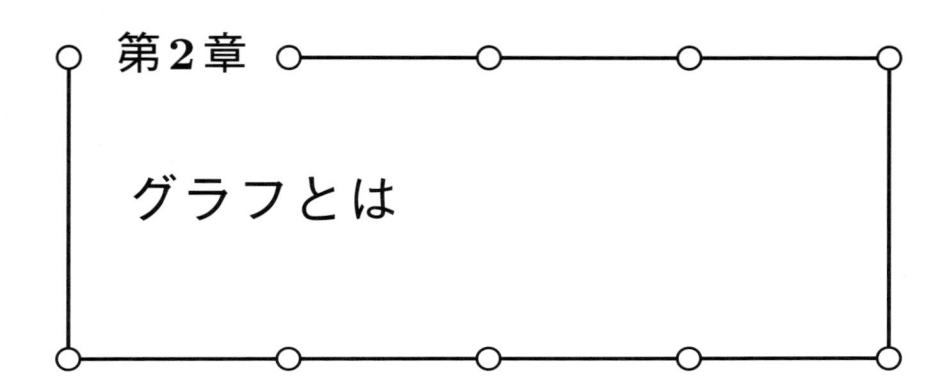

2.1 グラフとは

　点と辺を構成要素にする図形を取り扱い，考えられる図形が何通りあるかを本書で見ていこう．図形はグラフと呼ばれる．本章で，グラフとはどんなものであるかを見ていくことにしよう．

　空でない有限集合 V をとり，V の元の対の集合 $\binom{V}{2} = \{\{i,j\} \subset V \,|\, i \neq j\}$ を定め，写像 $g_V : \binom{V}{2} \to \{0,1,2,\ldots\}$ を V の元により標識づけられたグラフまたは，単に V 上標識グラフと呼ぶ．混乱のない限り，「V 上」を省略することがしばしばある．さらに，V があらかじめ与えられている場合，グラフの表記について一言述べておこう．標識グラフ g_V を単に g と表記することがある．グラフを表す記号に大文字の G を用いたり H を用いたりするのが伝統的であるが，本書では，グラフを小文字の g や h などで表すことにしよう．その理由は，グラフの数え上げを考察するにあたり，グラフを写像で表すことが便利だからである．

　標識グラフ g_V について，V の元を点と呼び，含まれる点の個数を g_V の位数といい，$n(g_V)$ で表す．また，$\sum_{x \in \binom{V}{2}} g(x)$ を g_V の大きさといい，$e(g_V)$ で表す．$n(g_V) = 1, e(g_V) = 0$ となる標識グラフ g_V は自明なグラフと呼ばれる．また，$e(g_V) = 0$ となる標識グラフ g_V は空グラフと呼ばれる．標識グラフ g_V において，各 $\{i,j\} \in \binom{V}{2}$ に対し $g(\{i,j\})$ を $\{i,j\}$ における重複度といい，$g(\{i,j\}) \geqq 1$ のとき，$\{i,j\}$ を g_V の辺という．$\{i,j\}$ が g_V の辺であると

き，点 i と点 j は隣接しているといい，点 i は辺 $\{i,j\}$ に接続しているといわれる．すべての $\{i,j\} \in \binom{V}{2}$ に対し，$g(\{i,j\}) \leqq 1$ のとき，g_V は標識単純グラフ（標識づけられた単純グラフ）という．

標識グラフ g_V および V の部分集合 U に対し，写像 $h_U : \binom{U}{2} \to \{0,1,2,\dots\}$ が

$$h_U(x) \leqq g_V(x) \qquad x \in \binom{U}{2} \tag{2.1.1}$$

を満たすとき，標識グラフ h_U は g_V の標識部分グラフ（標識づけられた部分グラフ）といわれ，$h_U \subset g_V$ と書かれる．標識部分グラフの点集合が V と一致するとき（$U = V$ のとき），この標識部分グラフは標識全域部分グラフ（標識づけられた全域部分グラフ）と呼ばれる．(2.1.1) の等式がすべての $x \in \binom{U}{2}$ において成立するとき，すなわち $h_U(x) = g_V(x)$ $(x \in \binom{U}{2})$ であるとき，g_V の標識部分グラフ h_U は U による g_V の標識誘導部分グラフ（標識づけられた誘導部分グラフ）と呼ばれる．位数 2 以上の標識グラフ g_V において，$v \in V$ とするとき，点集合 $V - \{v\}$ による g_V の標識誘導部分グラフは $g_V - v$ と書かれ，これは g_V から点 v および v に接続する辺を除去して得られる標識グラフである．

例 2.1.1. $V = \{1,2,3,4\}$ に対し，写像 $g_V : \binom{V}{2} \to \{0,1,2,\dots\}$ を $g_V(\{1,2\}) = 2, g_V(\{1,3\}) = 0, g_V(\{1,4\}) = 3, g_V(\{2,3\}) = 1, g_V(\{2,4\}) = 0, g_V(\{3,4\}) = 1$ により定める．このとき，g_V は V 上標識グラフである．$n(g_V) = 4$ が g_V の位数であり，$e(g_V) = \sum_{x \in \binom{V}{2}} g(x) = 2+0+3+1+0+1 = 7$ が g_V の大きさである．$g_V(\{1,2\}) = 2$ であるから，$\{1,2\}$ における重複度は 2 である．したがって，$\{1,2\}$ は g_V の辺である．一方，$g_V(\{1,3\}) = 0$ であるから，$\{1,3\}$ は g_V の辺でない．図 2.1 は標識グラフ g_V を示したものである．図 2.1 には，点の対の間には重複度分の線が描かれている．たとえば，$\{1,2\}$ における重複度は 2 であるから，点 1 と点 2 は 2 個の線で接合されている．

V の部分集合 $U = \{1,3,4\}$ に対し，$h_U : \binom{U}{2} \to \{0,1,2,\dots\}$ を $h_U(\{1,3\}) = 0, h_U(\{1,4\}) = 3, h_U(\{3,4\}) = 1$ により定めると，任意の $x \in \binom{U}{2}$ に対し，$h_U(x) = g_V(x)$ であるから，h_U は U による g_V の標識誘導部分グラフである．

標識単純グラフ g_V について，$E = \{\{i,j\} \in \binom{V}{2} \mid g_V(\{i,j\}) = 1\}$ と書く

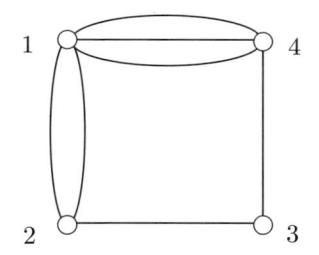

図 2.1 例 2.1.1 における標識グラフ

と，g_V は点集合 V と辺集合 E の対 (V, E) と見なしてよく，$g_V = (V, E)$ と書ける．標識単純グラフ g の点集合を $V(g)$，辺集合 E を $E(g)$ と書くことにする．

V_1 上標識グラフ g_{V_1} と V_2 上標識グラフ h_{V_2} について，$V_1 = V_2$ かつ

$$g_{V_1}(x) = h_{V_2}(x) \qquad x \in \binom{V_1}{2}$$

が成り立つとき，g_{V_1} と h_{V_2} は同等であるといい，$g_{V_1} = h_{V_2}$ と書く．同等でない 2 つの標識グラフは異なっていると呼ぶことがある．

グラフの同型性は次のように定義される．V_1 上標識グラフ g_{V_1} と V_2 上標識グラフ h_{V_2} について，V_1 から V_2 への全単射 θ が存在し，任意の $\{i, j\} \in \binom{V_1}{2}$ に対し，

$$g_{V_1}(\{i, j\}) = h_{V_2}(\{\theta(i), \theta(j)\})$$

が成り立つとき，g_{V_1} と h_{V_2} は同型であるといい，$g_{V_1} \cong h_{V_2}$ と書く．2 つの標識グラフが同型であるという関係は同値関係になっている．

標識グラフすべてからなる集合は同型関係により類別される．各類はこの集合の部分集合である．各類に属する標識グラフは互いに同型であり，各点に割り当てられた標識を無視すれば，それらはすべて同じ "形" をしており，この形をした図形はこの類を代表するもので，非標識グラフと呼ばれる．

例 2.1.2. 図 2.2 に点集合 $V = \{1, 2, 3\}$ 上の標識単純グラフをリストする．大きさ 0, 3 の標識単純グラフはそれぞれ $g^{(1)}$ と $g^{(8)}$ であり，1 通りづつある．大きさ 1, 2 の標識単純グラフは 3 通りづつある．合わせて 8 通りである．これら 8 通りの標識単純グラフの集まりを同型関係で類別すると，$\mathcal{F}_1 = \{g^{(1)}\}$，$\mathcal{F}_2 =$

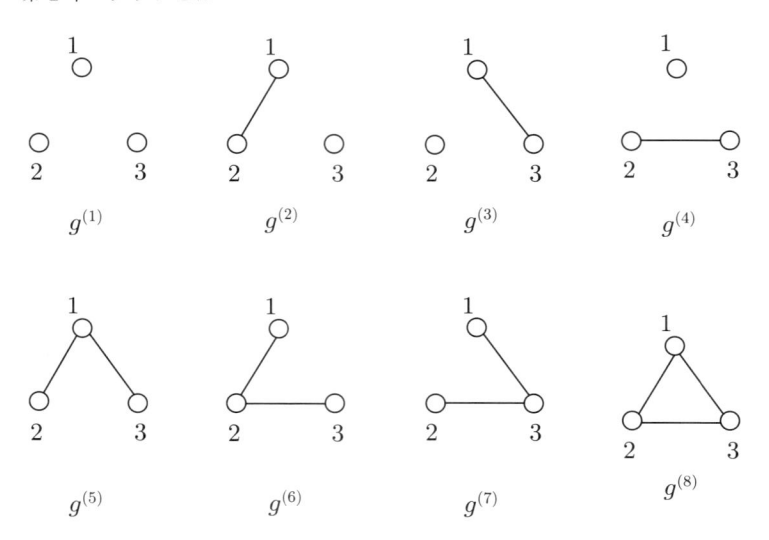

図 2.2 位数 3 の標識単純グラフ

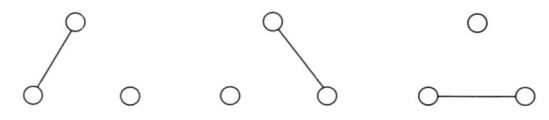

図 2.3 図 2.2 の $g^{(2)}, g^{(3)}, g^{(4)}$ の標識を除いたグラフ

$\{g^{(2)}, g^{(3)}, g^{(4)}\}$, $\mathcal{F}_3 = \{g^{(5)}, g^{(6)}, g^{(7)}\}$, $\mathcal{F}_4 = \{g^{(8)}\}$ となる．たとえば，$\mathcal{F}_2$ を考えよう．図 2.3 は $\mathcal{F}_2$ に属する標識単純グラフの点に割り当てられた標識を除いたものであり，これらの図形はすべて同じ"形"をしていることが観察できる．したがって，この形をした図形が $\mathcal{F}_2$ に対応した非標識単純グラフである．$\mathcal{F}_1, \mathcal{F}_2, \mathcal{F}_3, \mathcal{F}_4$ のそれぞれに対応した非標識単純グラフを図 2.4 に示す．それゆえ，位数 3 の非標識単純グラフの個数は 4 である．

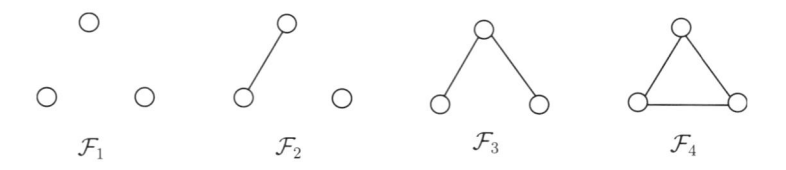

図 2.4 $\mathcal{F}_1, \mathcal{F}_2, \mathcal{F}_3, \mathcal{F}_4$ に対応する非標識単純グラフ

グラフ論では，種々のグラフが定義されており，たとえば辺に向き付けたもの（有向グラフと呼ばれる）などあるが，本書ではこのようなグラフは扱わない．また，本書では，特に注意しない限りグラフといえば，**単純グラフ**を表すものとする．点集合 V 上の標識グラフすべてからなる集合を $\mathcal{G}(V)$ で表す．n 個の点からなる点集合 V はすでに与えられたものとした場合，$\mathcal{G}(V)$ を $\mathcal{G}_n$ と書くことにする．標識グラフ g_V に対し，辺集合として $\binom{V}{2} - E(g_V)$ を持つ V 上標識グラフを g_V の標識補グラフ（標識づけられた補グラフ）といい，$\overline{g_V}$ と書く．g_V がその標識補グラフ $\overline{g_V}$ と同型であるとき，g_V は標識自己補グラフ（標識づけられた自己補グラフ）と呼ばれる．このとき，$\overline{g_V}$ ももちろん標識自己補グラフである．

例 2.1.3. 点集合 $V = \{1, 2, 3, 4\}$ に対し，$|\mathcal{G}(V)| = 64$ である．$\mathcal{G}(V)$ を同型関係で類別した各類の代表元をリストしたものが図 2.5 である．たとえば，大きさ 1 の標識グラフは 6 通りあり，図 2.5 の (2) はそれの代表元である．各類に対応する非標識グラフが図 2.6 に示されている．図 2.5 の番号 (1)〜(11) は図 2.6 の番号に対応する．

例 2.1.4. 図 2.7(b) は図 2.7(a) の標識補グラフであり，(a) と (b) は同型であるから，これらのグラフは標識自己補グラフである．

本書において，同等でない標識グラフが何通りあるか，あるいは同型でない標識グラフが何通りあるかを，いわゆる標識グラフの数え上げ，非標識グラフの数え上げ問題を考察しよう．

2.2 標識グラフの描画

図 2.2 に位数 3 の標識グラフを図示した．本節で互いに同等でない標識グラフを描く方法を述べておこう．位数 n の標識グラフは $2^{\binom{n}{2}}$ 個，すなわち $|\mathcal{G}_n| = 2^{\binom{n}{2}}$ であることはよく知られている．

正整数 n に対し，$V = \{1, 2, \ldots, n\}$ を考える．ここでは，$\binom{V}{2}$ の各元 $\{i, j\}$ を，$i < j$ のときは ij，$i > j$ のときは ji と書くことにする．$\binom{V}{2}$ から $\{2^0 =$

30　第 2 章　グラフとは

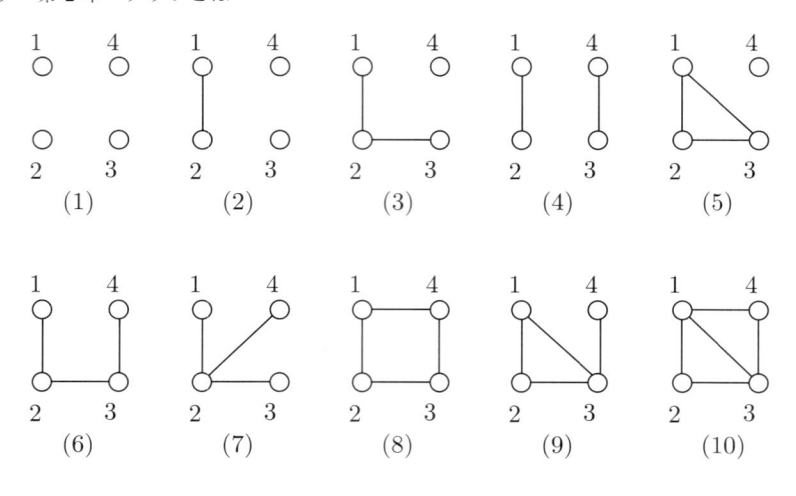

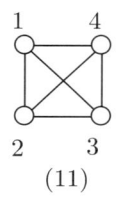

(1)　(2)　(3)　(4)　(5)

(6)　(7)　(8)　(9)　(10)

(11)

図 2.5　位数 4 の標識グラフ

$1, 2^1, 2^2, \ldots, 2^{\mu-1}\}$ への全単射 λ を

$$\lambda(ij) = 2^{\mu - p_{ij}} \qquad ij \in \binom{V}{2}, \tag{2.2.1}$$

により定める．ここで，$\mu = \binom{n}{2}$ であり，$ij \in \binom{V}{2}$ に対し，$p_{ij} = \frac{(2n-i)(i-1)}{2} + (j-i)$ である．$\mathcal{G}_n$ から $\mathfrak{N}_n = \{0, 1, 2, 3, \ldots, 2^\mu - 1\}$ への関数 N を

$$N(g_V) = \begin{cases} \displaystyle\sum_{ij \in E(g_V)} \lambda(ij) = \sum_{ij \in E(g_V)} 2^{\mu - p_{ij}} & (E(g_V) \text{ が空集合でないとき}) \\ 0 & (E(g_V) \text{ が空集合のとき}) \end{cases} \tag{2.2.2}$$

により定める．$N(g_V)$ は標識グラフ g_V のインデックスと呼ばれる．

整数 $L \in \mathfrak{N}_n$ の 2 進数表示を考える．L の 2 進数表示を $L^{(2)}$ により表し，その桁数は $\binom{n}{2}$ である．たとえば，10 進数 13 は $n = 4$ の場合，2 進数では

2.2 標識グラフの描画　31

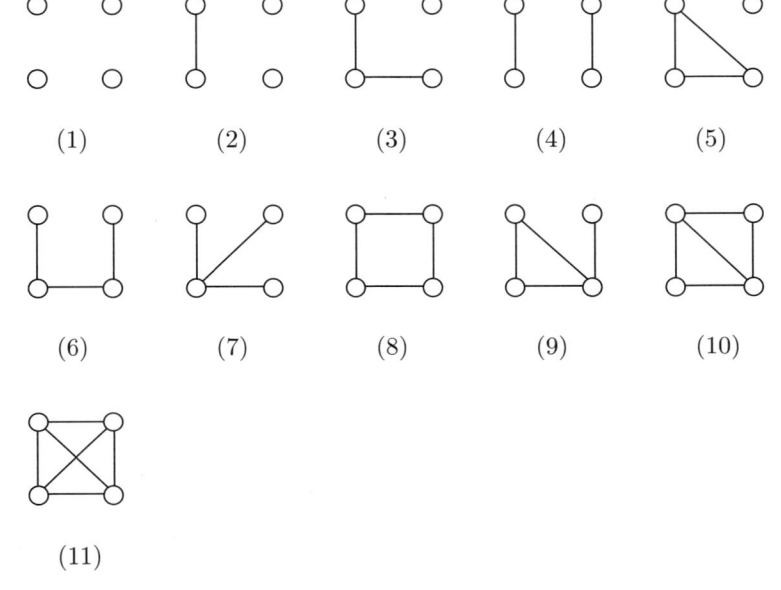

(1)　(2)　(3)　(4)　(5)

(6)　(7)　(8)　(9)　(10)

(11)

図 **2.6**　位数 4 の非標識グラフ

6 桁表示 001101 と書ける．ここで，先頭桁の "00" を省略しない．L の 2 進数 $L^{(2)}$ において，各 $ij \in \binom{V}{2}$ に対し，$L^{(2)}$ の p_{ij} 番目の桁を $L_{ij}^{(2)}$ で表示する．標識グラフ g_V のインデックス $N(g_V)$ の 2 進数は $N^{(2)}(g_V)$ で表され，それの p_{ij} 番目の桁は $N_{ij}^{(2)}(g_V)$ で表示される．標識グラフ g_V のインデックス $N(g_V)$ は次の性質を持つ．

$$N_{ij}^{(2)}(g_V) = 1 \iff ij \in E(g_V). \tag{2.2.3}$$

(2.2.3) は $N^{(2)}(g_V)$ が辺集合 $E(g_V)$ の特性関数として考えられるということ

(a)　(b)

図 **2.7**　位数 4 の標識自己補グラフ

32　第 2 章　グラフとは

を教えている.

定理 2.2.1. 関数 N は全単射である.

証明. $L \in \mathfrak{N}_n$ を考える. もし $L = 0$ であれば, 空グラフ g_V に対して $N(g_V) = L$ であることがわかる. $L \neq 0$ と仮定する. このとき, $E = \{ij \in \binom{V}{2} \mid L_{ij}^{(2)} = 1\}$ を辺集合として持つ V 上の標識グラフ g_V が定まり, g_V は $\mathcal{G}_n$ の元であることがわかる. (2.2.3) により $N_{ij}^{(2)}(g_V) = L_{ij}^{(2)}$ ($ij \in \binom{V}{2}$) が成り立つから, $N(g_V) = L$ であることがわかる. したがって, N は全射である. しかも, $|\mathcal{G}_n| = |\mathfrak{N}_n|$ であるから, N は単射であることがわかる. それゆえ, N は全単射である. ∎

例 2.2.1. 点集合 $V = \{1, 2, 3, 4\}$, 辺集合 $E = \{\{1,2\}, \{1,3\}, \{2,3\}, \{3,4\}\}$ を持つ標識グラフ g_V を考えよう. $p_{12} = 1, p_{13} = 2, p_{23} = 4, p_{34} = 6$ であるから, $\lambda(12) = 2^5, \lambda(13) = 2^4, \lambda(23) = 2^2, \lambda(34) = 2^0$ である. したがって, g_V のインデックス $N(g_V)$ は $2^5 + 2^4 + 2^2 + 2^0 = 53$ であり, それの 2 進数は $N^{(2)}(g) = 110101$ である. 逆に, 2 進数 $L^{(2)} = 110101$ をとる. このとき, $L_{12}^{(2)} = L_{13}^{(2)} = L_{23}^{(2)} = L_{34}^{(2)} = 1$ および $L_{14}^{(2)} = L_{24}^{(2)} = 0$ である. $N_{ij}^{(2)}(h) = L_{ij}^{(2)}$ を満たす V 上標識グラフ h を考えると, (2.2.3) により $E(h) = E$ であることがわかり, h は g_V そのものに他ならない.

例 2.2.1 で見られるように, インデックスを 2 進数で表し, 与えられたインデックスを持つ標識グラフを実際描画することができる. 実際, 2 進数 110101 で表されるインデックスを持つ標識グラフは図 2.5(9) である. 図 2.2 に示した標識グラフのインデックスは左から右に上から下に順に

インデックス	0	4	2	1	6	5	3	7
対応する 2 進数	000	100	010	001	110	101	011	111

である.

標識グラフのインデックスという概念は 6.4 節で考察する標識自己補グラフの数え上げに力を発揮する. その理由は, 標識自己補グラフは元の標識グラフとは定義から同型であるが, 同等ではないがゆえ, それらは互いに異なるインデックスを持つ（定理 2.2.1 によって）からである. 図 2.7 で見られる

標識グラフは自己補グラフであるが，(a) のインデックスは 37 で，(b) のそれは 26 であり，異なったインデックスである．

第3章

標識グラフの数え上げ

　本書のテーマの1つである標識グラフの数え上げを考察しよう．標識グラフの数え上げとは，指定した属性を持つ標識グラフのうち互いに同等でない標識グラフはいくつあるかを数えることをいう．

3.1　数え上げの基本的理解

　例 2.1.2 において位数 3 の標識グラフは 8 個あることを述べ，例 2.1.3 において位数 4 の標識グラフは 64 個であることを述べた．それでは，点集合 $V = \{1, 2, 3, \ldots, n\}$ 上の標識グラフのうち，大きさ k の標識グラフは何通りあるだろうか．$\binom{V}{2}$ から k 個の元を取り出し標識グラフを構成する．構成されたこの標識グラフは大きさ k の V 上標識グラフである．取り出した k 個の組それぞれが標識グラフのおのおのに1つずつ対応する．したがって，$|\binom{V}{2}| = \binom{n}{2}$ であるから，大きさ k の互いに同等でない V 上標識グラフは $\binom{\binom{n}{2}}{k}$ 個あることがわかる．$\binom{\binom{n}{2}}{k}$ を x^k の係数とする位数 n の標識グラフの数え上げ通常型母関数 $G_n(x)$ は

$$G_n(x) = \sum_{k=0}^{\mu} \binom{\mu}{k} x^k = (1+x)^{\mu} \tag{3.1.1}$$

で与えられる．ここで，$\mu = \binom{n}{2}$ である．$G_n(x)$ の $x=1$ における値 $G_n(1) = 2^{\binom{n}{2}}$ は位数 n の標識グラフの個数を表している．$G_n(1)$ を $\frac{x^n}{n!}$ の係数とする

標識グラフの数え上げ指数型母関数 $G(x)$ は

$$G(x) = \sum_{n=1}^{\infty} 2^{\binom{n}{2}} \frac{x^n}{n!} \tag{3.1.2}$$

で与えられる．

　g_V を V 上標識グラフとする．このとき，V から V への全単射のうち g_V の各 2 点の間の隣接性を保存する写像を g_V の自己同型写像と呼ぶ．g_V の自己同型写像の全体は群を構成しており，g_V の自己同型群と呼ばれ，$\Gamma(g_V)$ で表す．標識グラフ g_V の自己同型群をそのグラフの群と呼ぶことにする．

　標識グラフ g_V の点 v を他の点と区別する特定の点と考えたとき，v を g_V の根といい，g_V 自身を根つき標識グラフと呼ぶ．v を根にする根つき標識グラフ g_V の自己同型写像を考える場合，これは v を v 自身に移す写像である．位数 n の標識グラフ 1 つから n 通りの根つき標識グラフが生まれる．それは，おのおのの点が根の候補になりうるからである．このことは図 3.1 からも理解できる．位数 n の根つき標識グラフの個数 $n 2^{\binom{n}{2}}$ を $\frac{x^n}{n!}$ の係数とする根つき標識グラフの数え上げ指数型母関数を $G^{(r)}(x)$ と書く．$G^{(r)}(x)$ と $G(x)$ との間に次の関係があることがわかる：

$$G^{(r)}(x) = x \frac{dG(x)}{dx}. \tag{3.1.3}$$

　根には標識をつけないが，他の点には標識づけた場合の根つき標識グラフは，"非標識根つき" を括弧でくくって，（非標識根つき）標識グラフと呼び，そのグラフに対する数え上げ指数型母関数は $G^{(r)}(x)$ を x で割ったもの，すなわち

$$\frac{G^{(r)}(x)}{x} = \frac{dG(x)}{dx} \tag{3.1.4}$$

で与えられる．ここで，$\frac{G^{(r)}(x)}{x}$ における定数項（その値は 1 である）は根に対応し，$n \geqq 1$ に対し $\frac{x^n}{n!}$ の係数は位数 $n+1$ の（非標識根つき）標識グラフの個数を表す．（非標識根つき）標識グラフの 1 つの例を図 3.2 に示しておく．図 3.2 における最初の 1 つは $\frac{G^{(r)}(x)}{x}$ の定数項に対応するもので，次の 2 つは $\frac{x}{1!}$ に対応し，その次の 8 個は $\frac{x^2}{2!}$ に対応するものである．（非標識根つき）標識グラフに対する指数型母関数 $\frac{G^{(r)}(x)}{x}$ に x を乗ずることは，標識づけられていない根を標識づけることを意味するということを読者は注意されるべきである．

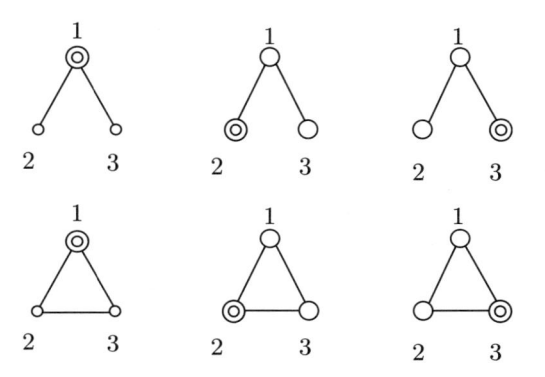

図 3.1 位数 3 の根つき標識グラフ

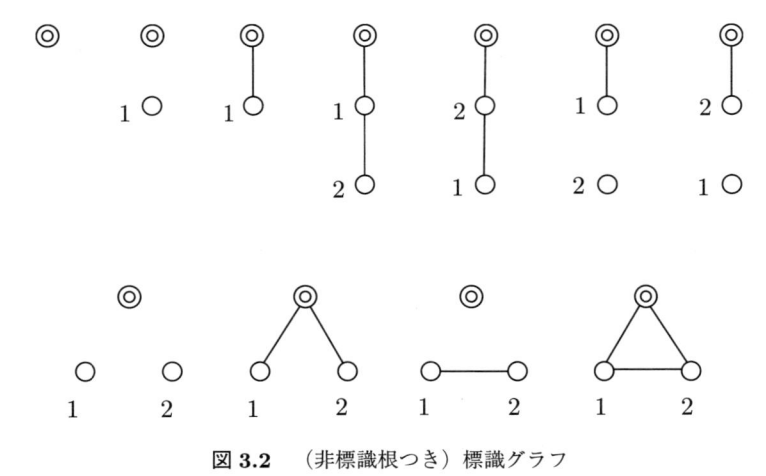

図 3.2 （非標識根つき）標識グラフ

位数 n の V 上標識グラフ g_V に対し,g_V と同型であるもののうち,互いに同等でない V 上標識グラフの個数を $l(g_V)$ と書く.$l(g_V)$ は g_V の点を標識替えする仕方の数を与えている.

定理 3.1.1. g_V を位数 n の V 上標識グラフとし,$s(g_V)$ を $\Gamma(g_V)$ の位数とする.このとき,
$$l(g_V) = \frac{n!}{s(g_V)} \tag{3.1.5}$$
である.

証明. $\mathfrak{S}_V$ を V 上の対称群とする.$\alpha \in \mathfrak{S}_V$ に対し,g_V の各点 i を $\alpha(i)$ と標識づけて(i を $\alpha(i)$ と標識替えする)得られた新しい V 上標識グラフを αg_V と書くことにする.このとき,$l(g_V)$ は集合 $\{\alpha g_V \mid \alpha \in \mathfrak{S}_V\}$ の元の個数である.次のことは明らかであろう.
$$\alpha \in \Gamma(g_V) \iff \alpha g_V = g_V. \tag{3.1.6}$$

$\mathfrak{S}_V$ の $\Gamma(g_V)$ を法とする右剰余類の分解
$$\mathfrak{S}_V = \beta_1 \Gamma(g_V) + \beta_2 \Gamma(g_V) + \cdots + \beta_t \Gamma(g_V) \tag{3.1.7}$$
を考える.ここで,β_1 は $\mathfrak{S}_V$ の単位元である.$|\mathfrak{S}_V| = n!$ であり,$|\beta_1 \Gamma(g_V)| = |\beta_2 \Gamma(g_V)| = \cdots = |\beta_t \Gamma(g_V)| = s(g_V)$ であるから,$t = \frac{n!}{s(g_V)}$ である.したがって,$l(g_V) = t$ であることを示せばよい.まず,$\beta_1 g_V, \beta_2 g_V, \ldots, \beta_t g_V$ は互いに同等でない標識グラフの組である.それは,$\beta_i g_V$ と $\beta_j g_V$ が同等であるとすると,$g_V = \beta_i^{-1} \beta_j g_V$ となり,(3.1.6) より,$\beta_i^{-1} \beta_j \in \Gamma(g_V)$ となり,$\beta_i \Gamma(g_V)$ と $\beta_j \Gamma(g_V)$ が異なった剰余類であることに矛盾する.任意の $\eta \in \mathfrak{S}_V$ をとると,ある i ($1 \leq i \leq t$) およびある $\alpha \in \Gamma(g_V)$ に対し,$\eta = \beta_i \alpha$ と書ける.$\beta_i \alpha$ を g_V に作用して生ずる標識グラフは $\beta_i g_V$ に同等であることは明らかであるから,$\eta g_V \in \{\beta_1 g_V, \beta_2 g_V, \ldots, \beta_t g_V\}$ である.$\beta_1 g_V, \beta_2 g_V, \ldots, \beta_t g_V$ は互いに同等でなく,
$$\{\alpha g_V \mid \alpha \in \mathfrak{S}_V\} = \{\beta_1 g_V, \beta_2 g_V, \ldots, \beta_t g_V\}$$
ということから,等式 $l(g_V) = t$ が得られる. ∎

表 3.1 位数 4 の標識グラフ g の $\Gamma(g)$ と $l(g)$

g	大きさ	$s(g)$	$l(g)$
(1)	0	24	1
(2)	1	4	6
(3)	2	2	12
(4)		8	3
(5)	3	6	4

g	大きさ	$s(g)$	$l(g)$
(6)	3	2	12
(7)		6	4
(8)	4	8	3
(9)		2	12
(10)	5	4	6
(11)	6	24	1

表 3.1 は図 2.5 に示した各標識グラフ g の群の位数および $l(g)$ を記したものである．表 3.1 の左端の番号は図 2.5 に付せられた番号に対応する．

付録 B の B.1 節には，互いに同型でない位数 5 の標識グラフを図示しており，表 B.1 には B.1 節の各グラフ g について g の群の位数と $l(g)$ を示している．

位数 4 の場合，群の位数が 2 である非標識グラフが 3 個あることが表 3.1 から観察できる．このことは以下の定理の 1 つの例である．

定理 3.1.2. s を正整数とし，性質 P を持つ V 上標識グラフのうち群の位数が s であるものからなる集合 $\mathcal{K}_s(P)$ を定める．このとき，$\mathcal{K}_s(P)$ に属する互いに同型でない V 上標識グラフの個数は次の式で与えられる．

$$\frac{s|\mathcal{K}_s(P)|}{n!}. \tag{3.1.8}$$

ここで，$n = |V|$ である．

証明． $\mathcal{K}_s(P)$ の分割が次の条件を満たすものとする．

(1) $\mathcal{K}_s(P) = A_1 \cup A_2 \cup \cdots \cup A_t$.
(2) $i \neq j; i, j = 1, 2, \ldots, t$ に対し，$A_i \cap A_j = \phi$.
(3) 各 $i = 1, 2, \ldots, t$ に対し，A_i に属する標識グラフはすべて同型である．
(4) $i \neq j; i, j = 1, 2, \ldots, t$ に対し，A_i に属する任意の標識グラフと A_j に属する任意の標識グラフは同型でない．

このとき，(3)，(4) より t が $\frac{s|\mathcal{K}_s(P)|}{n!}$ に等しいことをいえば十分である．さて，各 $i = 1, 2, \ldots, t$ に対し，A_i に属する標識グラフの群の位数は s であるか

ら，定理 3.1.1 により，$|A_i| = \frac{n!}{s}$ である．したがって，上記 (1), (2) により，$|\mathcal{K}_s(P)| = t \cdot \frac{n!}{s}$ となり，所望の結果が得られる． ∎

3.2 いろいろな標識グラフ

本節ではいろいろな種類の標識グラフの数え上げを考察する．グラフを観察すると，いろいろな性質が見られる．後に定義するグラフの連結性もその 1 つである．性質 P を持つ位数 k のすべてのグラフを $1, 2, \ldots, k$ により標識づける仕方の数を a_k で表し，指数型母関数

$$a(x) = \sum_{k=1}^{\infty} a_k \frac{x^k}{k!} \tag{3.2.1}$$

を考える．グラフの大きさを考慮に入れる場合は次の指数型母関数が考えられる．

$$a(x, y) = \sum_{k=1}^{\infty} b_k(y) \frac{x^k}{k!}. \tag{3.2.2}$$

ここで，$b_k(y)$ における y^q の係数は性質 P を持つ位数 k，大きさ q の標識グラフの個数（$1, 2, \ldots, k$ により標識づける仕方の数）を表す高々 $\binom{k}{2}$ 次の多項式である．標識グラフの数え上げの考察に本領を発揮する補題を用意しよう．

補題 3.2.1.
(1) $a^s(x)$ における $\frac{x^n}{n!}$ の係数は性質 P を持つ互いに共通の点を持たない s 個のグラフからなる組 $(g_1, g_2, \ldots, g_s)$ の個数である．そこで，$n = \sum_{i=1}^{s} n(g_i)$（位数の和）であり，$n$ 個の点は 1 から n までの標識で標識づけられている．

(2) $a^s(x, y)$ における $y^q \frac{x^n}{n!}$ の係数は性質 P を持つ互いに共通の点を持たない s 個のグラフからなる組 $(g_1, g_2, \ldots, g_s)$ の個数である．そこで，$n = \sum_{i=1}^{s} n(g_i)$ かつ $q = \sum_{i=1}^{s} e(g_i)$（大きさの和）であり，$n$ 個の点は 1 から n までの標識で標識づけられている．

この補題の理解のため，$a^2(x)$ を考えてみよう．標識 $1, 2, \ldots, n$ の中から k 個の標識を取り出す．これらの標識を性質 P を持つ位数 k のグラフに標識づ

ける仕方は a_k 通りある．他方，位数 $n-k$ のグラフに，残りの $n-k$ 個の標識で標識づける仕方は a_{n-k} 通りある．したがって，前者の標識グラフと後者の標識グラフを組にしたものは $a_k a_{n-k}$ 個ある．それらの組に含まれる n 個の点は 1 から n までの標識で標識づけられている．$1, 2, \ldots, n$ の中から k 個取り出す仕方は $\binom{n}{k}$ 通りある．$a_k a_{n-k}$ と $\binom{n}{k}$ との積が $a^2(x)$ を展開したときの $\frac{x^n}{n!}$ の係数である．

注意 3.2.2. 補題 3.2.1 で述べた s 個のグラフの組の要素の順序を考慮に入れない場合は $a^s(x)$ および $a^s(x, y)$ を $s!$ で割る必要がある．

$\sum_{s=1}^{\infty} \dfrac{a^s(x)}{s!}$ がある指数型母関数 $F(x)$ で表され，また $\sum_{s=1}^{\infty} \dfrac{a^s(x,y)}{s!}$ がある指数型母関数 $F(x, y)$ で表されるものとする．すなわち

$$F(x) = \sum_{s=1}^{\infty} \frac{a^s(x)}{s!}, \tag{3.2.3}$$

$$F(x, y) = \sum_{s=1}^{\infty} \frac{a^s(x, y)}{s!}. \tag{3.2.4}$$

この 2 つの式はそれぞれ

$$1 + F(x) = e^{a(x)}, \tag{3.2.5}$$

$$1 + F(x, y) = e^{a(x, y)}. \tag{3.2.6}$$

と書くことができる．

3.2.1 連結グラフ

標識グラフ g における異なった点の列 $v_1, v_2, \ldots, v_k$ が各 $i = 1, 2, \ldots, k-1$ に対し，条件 $\{v_i, v_{i+1}\} \in E(g)$ を満たすとき，この点列は g の道と呼ばれる．標識グラフ g のどの 2 点の間にも道が存在するとき，g は連結であるといわれる．自明なグラフは連結と定める．標識グラフ g の連結な標識部分グラフのうち，極大なものを g の連結成分という．

Riddell [27] は連結という性質を持った標識グラフの数え上げを行った．$C(x) = \sum_{n=1}^{\infty} C_n \dfrac{x^n}{n!}$ を連結な標識グラフに対する指数型母関数とする．ここで，C_n は位数 n の連結な標識グラフの個数である．このとき，補題 3.2.1 によ

り $C^s(x)$ は s 個の連結な標識グラフを組とした場合に対する指数型母関数である.組の要素の順序を考慮に入れないならば,この組はちょうど s 個の連結成分を持つ標識グラフに対応する.したがって,注意 3.2.2 により,$\frac{C^s(x)}{s!}$ はちょうど s 個の連結成分を持つ標識グラフに対する指数型母関数であることがわかる.すなわち,この指数型母関数の $\frac{x^n}{n!}$ の係数はちょうど s 個の連結成分を持つ位数 n の標識グラフの個数である.この指数型母関数について $s=1,2,3,\ldots$ にわたり和をとると,標識グラフの指数型母関数 $G(x)$ ((3.1.2) で与えられている) に一致するはずである.(3.2.5) において,$F(x)$ を $G(x)$,$a(x)$ を $C(x)$ と置き換えて,次の定理が得られる.

定理 3.2.3. (Riddell [27])

$$1 + G(x) = e^{C(x)}. \tag{3.2.7}$$

(3.2.7) は Riddell の方程式と呼ばれ,(3.2.5), (3.2.6) を Riddell 型方程式と呼ぶことにする.(3.2.7) から直接 C_n を求めることは困難であろう.そこで,定理 1.5.1 を借りることになり,C_n の漸化式が得られる.定理 1.5.1 において,$a_m = 2^{\binom{m}{2}}/m!$ および $b_m = C_m/m!$ とおき,等式 (3.2.7) から漸化式

$$C_n = 2^{\binom{n}{2}} - \frac{1}{n}\sum_{k=1}^{n-1} k\binom{n}{k} 2^{\binom{n-k}{2}} C_k \tag{3.2.8}$$

を得る.(3.2.8) を利用して $C(x)$ の初めのいくつかの項を求めると

$$\begin{aligned}C(x) = {} & x + \frac{x^2}{2!} + 4\frac{x^3}{3!} + 38\frac{x^4}{4!} + 728\frac{x^5}{5!} + 26704\frac{x^6}{6!} + 1866256\frac{x^7}{7!} \\ & + 251548592\frac{x^8}{8!} + 66296291072\frac{x^9}{9!} + 34496488594816\frac{x^{10}}{10!} + \cdots\end{aligned} \tag{3.2.9}$$

となる.$C(x)$ において,たとえば,$\frac{x^4}{4!}$ の係数 38 は位数 4 の連結な標識グラフが 38 通りあることを示している.図 2.5 における (6), (7),..., (11) は連結な標識グラフであり,これらのおのおのに対し,表 3.1 で $l(g)$ を観察すると,$12+4+3+12+6+1 = 38$ となり,この数は $\frac{x^4}{4!}$ の係数の値そのものである.

定理 3.2.3 は点の個数をパラメータにした連結な標識グラフの数え上げであるが,以下で大きさもパラメータに含めた連結な標識グラフの数え上げを考

えよう．この場合は 2 変数母関数の考察に通じる．指数型母関数 $C(x,y) = \sum_{n=1}^{\infty} C_n(y)\dfrac{x^n}{n!}$ を考える．ここで，$C_n(y)$ は高々 $\binom{n}{2}$ 次の多項式であり，それにおける y^q の係数は，位数 n, 大きさ q の連結な標識グラフの個数を表す．定理 3.2.3 に先立って考察したように，$\dfrac{C^s(x,y)}{s!}$ はちょうど s 個の連結成分を持つ標識グラフに対する指数型母関数であり，これを $s = 1, 2, 3, \ldots$ にわたり和をとると，

$$G(x,y) = \sum_{k=1}^{\infty} G_n(y)\frac{x^n}{n!}$$

に等しい．ここで，$G_n(y)$ は (3.1.1) で与えられる（x を y に置き換えたもの）．(3.2.6) において $F(x,y)$ を $G(x,y)$ に，$a(x,y)$ を $C(x,y)$ に置き換えることにより，Riddell 型方程式が得られる．

定理 3.2.4.

$$1 + G(x,y) = e^{C(x,y)}.$$

定理 1.5.1 を用いて漸化式

$$C_n(y) = G_n(y) - \frac{1}{n}\sum_{k=1}^{n-1} k\binom{n}{k} C_k(y) G_{n-k}(y) \tag{3.2.10}$$

を得る．$C_1(y) = G_1(y) = 1$ であるから，$2 \leqq n \leqq 7$ に対し $C_n(y)$ を以下に示す：

$C_2(y) = y$

$C_3(y) = 3y^2 + y^3$

$C_4(y) = 16y^3 + 15y^4 + 6y^5 + y^6$

$C_5(y) = 125y^4 + 222y^5 + 205y^6 + 120y^7 + 45y^8 + 10y^9 + y^{10}$

$C_6(y) = 1296y^5 + 3660y^6 + 5700y^7 + 6165y^8 + 4945y^9 + 2997y^{10} + 1365y^{11}$
$\qquad + 455y^{12} + 105y^{13} + 15y^{14} + y^{15}$

$C_7(y) = 16807y^6 + 68295y^7 + 156555y^8 + 258125y^9 + 331506y^{10} + 343140y^{11}$
$\qquad + 290745y^{12} + 202755y^{13} + 116175y^{14} + 54257y^{15} + 20349y^{16}$
$\qquad + 5985y^{17} + 1330y^{18} + 210y^{19} + 21y^{20} + y^{21}.$

$C_4(y)$ において，たとえば，y^5 の係数 6 は位数 4，大きさ 5 の連結な標識グラフの個数を示している．また，$C_4(1) = 38$ は $C(y)$ （(3.2.9)において x を y に置き換えたもの）における $\frac{y^4}{4!}$ の係数に一致することが観察される．

3.2.2 奇点個数による数え上げ

グラフにおいて，点に接続する辺の個数をその点の次数といい，次数が偶数である点を偶点，次数が奇数である点を奇点という．本節で奇点の個数をパラメータとする標識グラフの数え上げを考察する．ここでは，位数 n，大きさ k の標識グラフのうち，奇点の個数が d となるものを (n,k,d)-標識グラフと呼ぶことにする．(n,k,d)-標識グラフに対し，d がつねに偶数であることはよく知られている．$(n,k,0)$-標識グラフを標識偶グラフ（標識づけられた偶グラフ）という．Read [24] は標識偶グラフの数え上げに関する考察を行った．(n,k,d)-標識グラフの数え上げは Read [24] の結果の一般化であり，その考察は Tazawa and Shirakura [32] によって行われた．まず (n,k,d)-根つき標識グラフに関する定理をあげる．この定理の証明は Read [24] によって与えられた定理の証明に沿って成就される．

定理 3.2.5. 偶数 d に対し，$g_{nk}^{(d)}$ を位数 n，大きさ k の（非標識根つき）標識偶グラフのうち，根の次数が d であるものの個数を表す．このとき，$g_{nk}^{(d)}$ を $x^d y^k$ の係数に持つ通常型母関数 $w_n(x,y)$ は

$$w_n(x,y) = \frac{1}{2^{n-1}}(1+y)^{\binom{n-1}{2}}(1-xy)^{n-1}\sum_{p=1}^{n}\binom{n-1}{p-1}\left(\frac{1+xy}{1-xy}\right)^{p-1}\left(\frac{1-y}{1+y}\right)^{(p-1)(n-p)}$$

(3.2.11)

で与えられる．

証明．点集合 $V = \{v_1, v_2, \ldots, v_n\}$ 上の大きさ k の標識グラフのうち，v_n を標識としてあてがわれた根（特定の標識で標識づけられた点はその点を非標識として扱うことと同じことである）の次数が d であるものの集合を $\mathcal{L}_{nk}^{(d)}$ と書く．明らかに $|\mathcal{L}_{nk}^{(d)}| = \binom{\mu}{k-d}\binom{n-1}{d}$ である．ここに $\mu = \binom{n-1}{2}$ である．

$\mathcal{L}_{nk}^{(d)}$ の各元（根つき標識グラフ）g_V に対し，g_V の各点 v_i に符号 +1 か −1 を割り当て，v_i の符号を ϵ_i と書く．$\epsilon_i = 1$ のとき点 v_i を正の点と呼び，$\epsilon_i = -1$ のと

き点 v_i を負の点と呼ぶことにする．ここで，根 v_n には正の符号 $\epsilon_n = +1$ をあてがうことにする．集合 S を $\{(\epsilon_1, \epsilon_2, \ldots, \epsilon_{n-1}, \epsilon_n) | \epsilon_i = \pm 1; i = 1, 2, \ldots, n-1\}$ により定めると，$|S| = 2^{n-1}$ である．

$g_V \in \mathcal{L}_{nk}^{(d)}$ および符号ベクトル $\boldsymbol{\epsilon} = (\epsilon_1, \epsilon_2, \ldots, \epsilon_n) \in S$ に対し，$e = \{v_i, v_j\} \in E(g_V)$ の符号（$\sigma_\epsilon(e)$ と書く）を，その辺に接続している点の符号の積 $\epsilon_i \epsilon_j$ により定める．点の場合と同様に，正の辺，負の辺という用語を以下で用いることにする．また，g_V の符号（$\sigma_\epsilon(g_V)$ と書く）として，g_V のすべての辺の符号の積をとる．すなわち，$\sigma_\epsilon(g_V) = \prod_{e \in E(g_V)} \sigma_\epsilon(e)$. $a_\epsilon(g_V)$ を負の点の次数の和と定めると，$\sigma_\epsilon(g_V)$ の定義から

$$\sigma_\epsilon(g_V) = (-1)^{a_\epsilon(g_V)} \tag{3.2.12}$$

となり，一方 $b_\epsilon(g_V)$ を g_V における負の辺の個数とすると

$$\sigma_\epsilon(g_V) = (-1)^{b_\epsilon(g_V)} \tag{3.2.13}$$

となる．

さて，以下に示すように2通りの和を考える：

$$\sum_{g_V \in \mathcal{L}_{nk}^{(d)}} \left\{ \sum_{\epsilon \in S} (-1)^{a_\epsilon(g_V)} \right\} = \sum_{\epsilon \in S} \left\{ \sum_{g_V \in \mathcal{L}_{nk}^{(d)}} (-1)^{b_\epsilon(g_V)} \right\}. \tag{3.2.14}$$

最初に，(3.2.14) の左辺を考察する．g_V が根つき標識偶グラフならば，点にどのような符号の割り振りをしても，すなわち S の任意の元 $\boldsymbol{\epsilon}$ に対し $(-1)^{a_\epsilon(g_V)} = 1$ であるから，$\sum_{\epsilon \in S} (-1)^{a_\epsilon(g_V)} = 2^{n-1}$ となり，g_V は (3.2.14) の左辺に 2^{n-1} だけの寄与をする．

g_V が根つき標識偶グラフでなければ，g_V は少なくとも 1 つの奇点を持ち，奇点の 1 つを一般性を失うことなく v_1 とおく．v_1 を正の点としてあてがう S の 1 つの元 $\boldsymbol{\epsilon}_+ = (+1, \epsilon_2, \ldots, \epsilon_n)$ と v_1 を負の点としてあてがう S の 1 つの元 $\boldsymbol{\epsilon}_- = (-1, \epsilon_2, \ldots, \epsilon_n)$ を考える．$\boldsymbol{\epsilon}_+$ と $\boldsymbol{\epsilon}_-$ が対をなし，$\boldsymbol{\epsilon}_+$ に対する $(-1)^{a_{\epsilon_+}(g_V)}$ の値と $\boldsymbol{\epsilon}_-$ に対する $(-1)^{a_{\epsilon_-}(g_V)}$ の値の和は，v_1 が奇点であるということから，0 に等しいことがわかる．$|S| = 2^{n-1}$ であるから，このような対（2^{n-2} 個ある）すべてを考えることにより，$\sum_{\epsilon \in S} (-1)^{a_\epsilon(g_V)} = 0$ である．すなわち，$\mathcal{L}_{nk}^{(d)}$

の元のうち根つき標識偶グラフでないものは (3.2.14) の左辺に何も寄与しない．以上のことから，(3.2.14) の左辺は $\mathcal{L}_{nk}^{(d)}$ に属する根つき標識偶グラフの個数の 2^{n-1} 倍であることがわかる．

次に，(3.2.14) の右辺を考える．S に属する符号ベクトルのうち，正の点を p 個，負の点を $q = n-p$ 個あてがう符合ベクトルは，根が正の点であるから，$\binom{n-1}{p-1}$ 通りある．そのうちの 1 つを τ とおく．$A_p^{(d,k)} = \sum_{g_V \in \mathcal{L}_{nk}^{(d)}} (-1)^{b_\tau(g_V)}$ とおく．根に接続する辺のうち，負の点と接続する辺が s 個ある仕方は $\binom{q}{s}$ 通りあり，残り $d-s$ 個の辺は $p-1$ 個の正の点と接続し，その仕方は $\binom{p-1}{d-s}$ 通りある．したがって，$A_p^{(d,k)}$ に寄与する 1 つは

$$\sum_{s=0}^{d}(-1)^s \binom{q}{s}\binom{p-1}{d-s} \tag{3.2.15}$$

である．根以外の点に接続する辺は $k-d$ 個ある．そのうち t 個の辺が負の辺で，残り $k-d-t$ 個の辺が正の辺である仕方は $\binom{(p-1)q}{t}\binom{\binom{p-1}{2}+\binom{q}{2}}{k-d-t}$ 通りある．したがって，$A_p^{(d,k)}$ に寄与するもう 1 つは

$$\sum_{t=0}^{k-d}(-1)^t \binom{(p-1)q}{t}\binom{\binom{p-1}{2}+\binom{q}{2}}{k-d-t} \tag{3.2.16}$$

である．それゆえ，$A_p^{(d,k)}$ は式 (3.2.15) と式 (3.2.16) の積，すなわち

$$A_p^{(d,k)} = \sum_{s=0}^{d}(-1)^s \binom{q}{s}\binom{p-1}{d-s} \sum_{t=0}^{k-d}(-1)^t \binom{(p-1)q}{t}\binom{\binom{p-1}{2}+\binom{q}{2}}{k-d-t} \tag{3.2.17}$$

となる．よって，(3.2.14) の右辺は

$$\sum_{\epsilon \in S}\left\{\sum_{g_V \in \mathcal{L}_{nk}^{(d)}}(-1)^{b_\epsilon(g_V)}\right\} = \sum_{p=1}^{n}\binom{n-1}{p-1}A_p^{(d,k)} \tag{3.2.18}$$

となる．(3.2.18) の両辺に $x^d y^k$ を掛けて，和 $\sum_{d=0}^{\infty}\sum_{k=d}^{\infty}$ を考える．この考察には，(1.4.5) を適用している．(3.2.15) について

$$\sum_{d=0}^{\infty}\sum_{s=0}^{d}(-1)^s \binom{q}{s}\binom{p-1}{d-s}(xy)^d = (1-xy)^q(1+xy)^{p-1}$$

であり，(3.2.16) について

$$\sum_{k=d}^{\infty}\sum_{t=0}^{k-d}(-1)^t\binom{(p-1)q}{t}\binom{\binom{p-1}{2}+\binom{q}{2}}{k-d-t}y^{k-d}=(1-y)^{(p-1)q}(1+y)^{\binom{p-1}{2}+\binom{q}{2}}$$

であり，$q=n-p$ を用い，$\binom{p-1}{2}+\binom{q}{2}=\binom{n-1}{2}+(p-1)(p-n)$ に注意して，

$$\sum_{d=0}^{\infty}\sum_{k=d}^{\infty}A_p^{(d,k)}x^dy^k=(1-xy)^q(1+xy)^{p-1}(1-y)^{(p-1)q}(1+y)^{\binom{p-1}{2}+\binom{q}{2}}$$

$$=(1+y)^{\binom{n-1}{2}}(1-xy)^{n-1}\left(\frac{1+xy}{1-xy}\right)^{p-1}\left(\frac{1-y}{1+y}\right)^{(p-1)(n-p)} \quad (3.2.19)$$

が得られる．したがって，

$$\sum_{d=0}^{\infty}\sum_{k=d}^{\infty}\sum_{\epsilon\in S}\left\{\sum_{g_V\in\mathcal{L}_{nk}^{(d)}}(-1)^{b_\epsilon(g_V)}\right\}x^dy^k$$

$$=\sum_{p=1}^{n}\binom{n-1}{p-1}\sum_{d=0}^{\infty}\sum_{k=d}^{\infty}A_p^{(d,k)}x^dy^k$$

$$=(1+y)^{\binom{n-1}{2}}(1-xy)^{n-1}\sum_{p=1}^{n}\binom{n-1}{p-1}\left(\frac{1+xy}{1-xy}\right)^{p-1}\left(\frac{1-y}{1+y}\right)^{(p-1)(n-p)}$$

$$(3.2.20)$$

となる．(3.2.14) の左辺の考察で見たように，(3.2.14) の左辺は $\mathcal{L}_{nk}^{(d)}$ に属する根つき標識偶グラフの個数の 2^{n-1} 倍であるから，(3.2.20) を 2^{n-1} で割ることにより，求める通常型母関数 $w_n(x,y)$ を得る． ∎

小さい n に対し $w_n(x,y)$ を求めると

$$w_1(x,y) = 1$$
$$w_2(x,y) = 1$$
$$w_3(x,y) = 1+x^2y^3$$
$$w_4(x,y) = 1+y^3+3x^2y^3+3x^2y^4$$
$$w_5(x,y) = 1+4y^3+3y^4+6x^2y^3+12x^2y^4+12x^2y^5+12x^2y^6$$
$$\qquad\qquad +6x^2y^7+3x^4y^6+4x^4y^7+x^4y^{10}$$

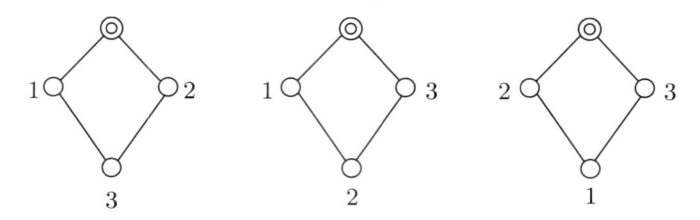

図 3.3 位数 4, 大きさ 4 の（非標識根つき）標識偶グラフ

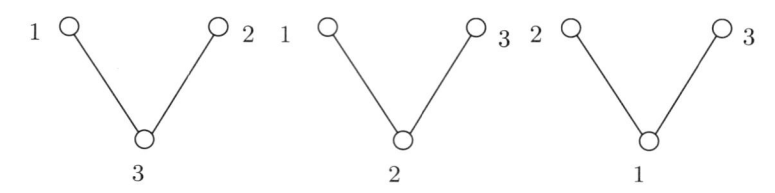

図 3.4 2 個の奇点を持つ位数 3, 大きさ 2 の標識グラフ

となる. $w_4(x,y)$ における $x^2 y^4$ の係数 3 は, 根の次数が 2 であり, 大きさが 4 である位数 4 の（非標識根つき）標識偶グラフが 3 通りあることを示している. それらは図 3.3 に見られる. 図 3.3 における各（非標識根つき）標識偶グラフの根を削除する（根に接続する辺も同時に削除する）ことにより, 2 つの奇点を持つ位数 3, 大きさ 2 の $(3,2,2)$-標識グラフ（3 通りある）が構成され, それらを図 3.4 に示す. この観察により, 次の定理が得られる.

定理 3.2.6. 偶数 d に対し, (n,k,d)-標識グラフの個数は $w_{n+1}(x,y)$ における $x^d y^{d+k}$ の係数に等しい.

証明. $\mathcal{G}_{n,k}^{(d)}$ を点集合 $\{v_1, v_2, \ldots, v_n\}$ 上 (n,k,d)-標識グラフからなる集合とする. v_{n+1} を標識としてあてがわれた根（特定の標識で標識づけられた点はその点を非標識として扱うことと同義である）の次数が d である位数 $n+1$, 大きさ $k+d$ の点集合 $\{v_1, v_2, \ldots, v_n, v_{n+1}\}$ 上根つき標識偶グラフの集合 $\mathcal{M}_{n+1\,k+d}^{(d)}$ を考える. この定理の証明には, $\mathcal{G}_{n,k}^{(d)}$ と $\mathcal{M}_{n+1\,k+d}^{(d)}$ の間に全単射が存在するということを示せば十分である. $\mathcal{G}_{n,k}^{(d)}$ の任意の元 g を考える. g に点 v_{n+1} を加え, v_{n+1} を g の各奇点に隣接させることにより v_{n+1} を根にする根つき標識偶グラフ g' を構成する. このとき, g' は $\mathcal{M}_{n+1\,k+d}^{(d)}$ に属する. この対応は, $\mathcal{G}_{n,k}^{(d)}$ から $\mathcal{M}_{n+1\,k+d}^{(d)}$ への全単射であることがたやすく見られる. したがって,

(n,k,d)-標識グラフの個数は根の次数が d である位数 $n+1$, 大きさ $k+d$ の (非標識根つき) 標識偶グラフの個数に等しいことがわかる. ∎

位数 n, 大きさ k の標識偶グラフ, すなわち $(n,k,0)$-標識グラフの個数を与える公式が Read [24] により導かれた. この公式は定理 3.2.6 の系であり, その公式は $w_{n+1}(0,y)$ で与えられる. 特に $w_{n+1}(0,1) = 2^{\binom{n-1}{2}}$ となり, これは位数 $n-1$ の標識グラフの個数そのものである. これらのことは次の系でまとめられる.

系 3.2.7. (Read [24])
位数 n, 大きさ k の標識偶グラフの個数を y^k の係数とする通常型母関数は

$$w_{n+1}(0,y) = \frac{1}{2^n}(1+y)^{\binom{n}{2}} \sum_{p=0}^{n} \binom{n}{p} \left(\frac{1-y}{1+y}\right)^{p(n-p)} \quad (3.2.21)$$

で与えられる. 特に, 位数 n の標識偶グラフの個数は $w_{n+1}(0,1) = 2^{\binom{n-1}{2}}$ で与えられる.

定理 3.2.6 に連結性を加味したものを考察しよう. d 個の奇点を持つ位数 n, サイズ k の連結な標識グラフの個数を $x^d y^{d+k}$ の係数とする通常型母関数を $C_n(x,y)$ とし, 指数型母関数

$$C(x,y,z) = \sum_{n=1}^{\infty} C_n(x,y)\frac{z^n}{n!}$$

を考える. さらに, もう 1 つの指数型母関数を考える. それは, $w_{n+1}(x,y)$ を $\frac{z^n}{n!}$ の係数とする指数型母関数

$$w(x,y,z) = \sum_{n=1}^{\infty} w_{n+1}(x,y)\frac{z^n}{n!}$$

である. 補題 3.2.1 は 1 変数, 2 変数の場合を考察しているが, これを 3 変数の場合に拡張して, 3 変数の場合の Riddell 型方程式

$$1 + w(x,y,z) = e^{C(x,y,z)}$$

が得られる. 定理 1.5.1 を用いて漸化式

$$C_n(x,y) = w_{n+1}(x,y) - \frac{1}{n}\sum_{k=1}^{n-1} k\binom{n}{k} C_k(x,y) w_{n-k+1}(x,y)$$

が導かれる．$C_1(x,y) = w_1(x,y) = 1$ であるから，小さい n に対して $C_n(x,y)$ は

$$C_2(x,y) = x^2y^3$$
$$C_3(x,y) = 3x^2y^4 + y^3$$
$$C_4(x,y) = x^4y^{10} + 4x^4y^7 + 6x^2y^7 + 12x^2y^6 + 12x^2y^5 + 3y^4$$
$$\begin{aligned}C_5(x,y) = {}& 15x^4y^{12} + 50x^4y^{11} + 60x^4y^{10} + 60x^4y^9 + 65x^4y^8 + 10x^2y^{11}\\ &+ 30x^2y^{10} + 60x^2y^9 + 130x^2y^8 + 150x^2y^7 + 60x^2y^6 + y^{10} + 10y^7\\ &+ 15y^6 + 12y^5\end{aligned}$$

となる．たとえば，$C_4(x,y)$ を考えてみよう．$C_4(x,y)$ は

$$C_4(x,y) = x^4y^{4+6} + 4x^4y^{4+3} + 6x^2y^{2+5} + 12x^2y^{2+4} + 12x^2y^{2+3} + 3x^0y^{0+4} \quad (3.2.22)$$

と書き直される．$C_4(1,1) = 38$ であり，これは (3.2.9) に見られる $C(x)$ の $\frac{x^4}{4!}$ の係数に一致する．表 3.2 は，位数 4 の連結な標識グラフに対する通常型母関数 $C_4(x,y)$ に従って示されたものである．表 3.2 において，たとえば $k = 3, d = 2$ に対応する数 12 は，連結な $(4,3,2)$-標識グラフの個数を示しており，この数は (3.2.22) における x^2y^{2+3} の係数である．

表 3.2 連結な $(4,k,d)$-標識グラフの個数

k（大きさ）	d（奇点の個数）		
	0	2	4
3		12	4
4	3	12	
5		6	
6			1

3.2.3　標識木

標識グラフ g における異なった点 $v_1, v_2, \ldots, v_k$ に対し，点の列 $v_1, v_2, \ldots, v_k, v_1$ が各 $i = 1, 2, \ldots, k-1$ について，$\{v_i, v_{i+1}\} \in E(g)$ かつ $\{v_k, v_1\} \in E(g)$ を満たすとき，この点列は g のサイクルと呼ばれる．

サイクルを含まない連結な標識グラフは標識木（標識づけられた木）と呼ばれる．与えられた位数を持つ標識木の個数に関する簡単な公式が 1889 年

にCayley [2] によって提示された．彼の証明の後，多数の数学者がいろいろな異なった方法で証明を試みている [20]．ここでの証明は Pólya の方法 [23] によるものである．

定理 3.2.8. 位数 n の標識木の個数は n^{n-2} で与えられる．

証明. 位数 n の標識木の個数を t_n で表す．このとき，位数 n の根つき標識木の個数は nt_n であるから，根つき標識木に対する指数型母関数は

$$T^{(r)}(x) = \sum_{n=1}^{\infty} nt_n \frac{x^n}{n!} \tag{3.2.23}$$

によって与えられる．また，ちょうど s 個の連結成分のおのおのが根つき標識木である標識グラフに対する指数型母関数は，補題 3.2.1 に注意 3.2.2 を加味して，$\frac{(T^{(r)}(x))^s}{s!}$ で与えられる．ここで，新しい点 v を用意し，v には標識をつけないとする．組み立てた s 個の連結成分のおのおのの根を点 v に隣接させて，v を根とする（非標識根つき）標識木を構成する．このとき，根 v の次数は s である．図 3.5 は $s = 3$ 個の根つき標識木から 1 つの（非標識根つき）標識木を構成している．標識づけられていない根 v を標識づけることは，$\frac{(T^{(r)}(x))^s}{s!}$ に x を乗ずること，つまり，$x\frac{(T^{(r)}(x))^s}{s!}$ は標識づけられた根 v の次数が s である根つき標識木に対する指数型母関数である．この母関数を s に関し和をとると，その結果は (3.2.23) で与えた $T^{(r)}(x)$ そのものである．すなわち

$$T^{(r)}(x) = \sum_{s=0}^{\infty} x \frac{(T^{(r)}(x))^s}{s!} \tag{3.2.24}$$

が成り立つ．したがって

$$T^{(r)}(x) = xe^{T^{(r)}(x)} \tag{3.2.25}$$

と書ける．方程式 (3.2.25) に定理 1.5.4 を適用する．$t_1 = 1$ であるから

$$T^{(r)}(x) = \sum_{n=1}^{\infty} n^{n-1} \frac{x^n}{n!} \tag{3.2.26}$$

が導かれ，$nt_n = n^{n-1}$ となるから，$t_n = n^{n-2}$ が示された． ∎

$t_4 = 4^2 = 16$ であるから，位数 4 の標識木は 16 個あり，それらは図 3.6 に図示した．

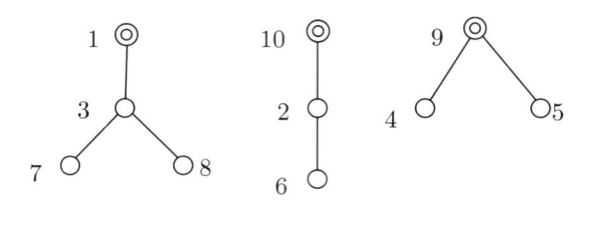

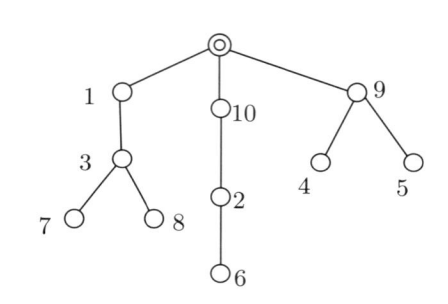

図 3.5 根つき標識木の合体

3.2.4 標識ブロック

標識グラフ g の点 v について，$g-v$ が非連結であるならば，v を g の切断点という．切断点を持たない標識グラフは標識ブロック（標識づけられたブロック）と呼ばれる．位数 n の標識ブロックの個数 B_n を求めよう．指数型母関数

$$B(x) = \sum_{n=1}^{\infty} B_n \frac{x^n}{n!} \qquad (3.2.27)$$

を考える．グラフ理論の本では自明な標識グラフは標識ブロックと定めているが，ここでは $B_1 = 0$ とする．$B(x)$ と $C(x)$（連結な標識グラフに対する指数型母関数）との間にはたいへん美しい関係がある．この関係式は Riddell [27] および Ford and Uhlenbeck [8] により導かれたものであり，彼らによる証明を見ていくことにしよう．

定理 3.2.9.

$$C'(x) = \exp\{B'(xC'(x))\} \qquad (3.2.28)$$

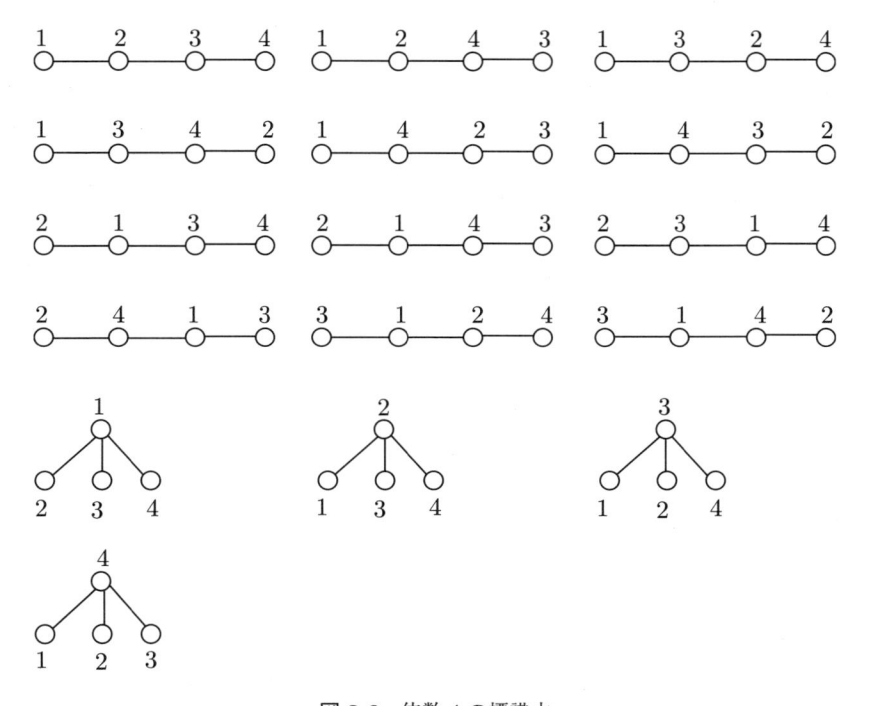

図 **3.6** 位数 4 の標識木

が成り立つ．ここで，$C'(x)$, $B'(x)$ は x に関する微分である．

証明． まず，連結な根つき標識グラフに対する指数型母関数 $C^{(r)}(x)$ を考えよう．$C^{(r)}(x)$ は (3.1.3) に従って

$$C^{(r)}(x) = x \frac{dC(x)}{dx} \tag{3.2.29}$$

と書ける．連結な根つき標識グラフのうち，根にただ 1 つのブロックが付随している場合の指数型母関数を $C_1^{(r)}(x)$ とおく．最初に，$C^{(r)}(x)$ と $C_1^{(r)}(x)$ との関係式を導き，その後に $C_1^{(r)}(x)$ と $B(x)$ との関係式を導くことにより定理の証明が完了する．さて，$C^{(r)}(x)$ と $C_1^{(r)}(x)$ との関係式の導きに進もう．根にただ 1 つのブロックが付随している連結な（非標識根つき）標識グラフに対する指数型母関数は，(3.1.4) に従って，$\frac{C_1^{(r)}(x)}{x}$ で与えられる．これらの標識グラフのうち，s 個のそれを要素にする組に対する指数型母関数は $\left(\frac{C_1^{(r)}(x)}{x}\right)^s$

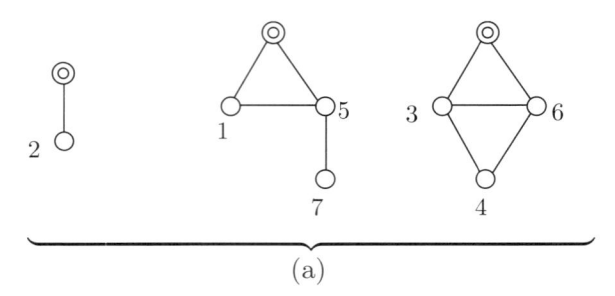

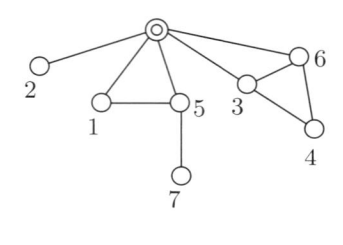

54　第3章　標識グラフの数え上げ

図 3.7 （非標識根つき）標識グラフの合体

である．組の要素の順序を考えないとすると，注意 3.2.2 により対象とする指数型母関数は

$$\frac{(\frac{C_1^{(r)}(x)}{x})^s}{s!} \tag{3.2.30}$$

である．ここで組を構成している s 個の要素のおのおのの根をまとめて合体させ 1 つの点と見なす．その点を新たに根とする（非標識根つき）標識グラフを生成すると，この根にちょうど s 個のブロックが付随したものになる．図 3.7 は，$s = 3$ 個の連結な（非標識根つき）標識グラフ（図 3.7(a)）を合体させ（非標識根つき）標識グラフ（図 3.7(b)）を構成したもので，3 個のブロックが付随している．このような考察は等式

$$\frac{C^{(r)}(x)}{x} = 1 + \sum_{s=1}^{\infty} \frac{(\frac{C_1^{(r)}(x)}{x})^s}{s!}$$

を生み出し，したがって等式

$$\frac{C^{(r)}(x)}{x} = \exp\left(\frac{C_1^{(r)}(x)}{x}\right) \qquad (3.2.31)$$

が得られる．

次に $C_1^{(r)}(x)$ と $B(x)$ との関係式を導く．$a_{k,p}$ を $\left(\frac{C^{(r)}(x)}{x}\right)^{k-1}$ における $\frac{x^p}{p!}$ の係数とする．すなわち

$$\left(\frac{C^{(r)}(x)}{x}\right)^{k-1} = \sum_{p=1}^{\infty} a_{k,p} \frac{x^p}{p!} \qquad (k=1,2,\ldots). \qquad (3.2.32)$$

$a_{k,p}$ は $k-1$ 個の連結な（非標識根つき）標識グラフを組にしたもので（標識づけられている点は p 個あり 1 から p までの標識で標識づけられている．非標識な点（根）は $k-1$ 個あるから，点としては全体として $p+k-1$ 個ある），そのような組の個数を表す．これらの組のおのおのに 1 つの点を加え，この点と初めの $k-1$ 個の根を点集合に持つ新しい位数 k のブロックを構成し，付加した点を根にする位数 $p+k$ の連結な根つき標識グラフは根にただ 1 つのブロックを持ち，$C_1^{(r)}(x)$ に寄与する．1 から $p+k$ までの標識で標識替えを行うことにする．これらの標識のうちの k 個を根に付随したブロックの点に割り当てる．この状況を図 3.8 により見ていこう．図 3.7(a) における（非標識根つき）標識グラフの 3 個の根に新しい点を加えブロックを構成したものが図 3.8(a) である．図 3.7(a) において見られるそれぞれの根は図 3.8 においては根としてあてがわれていないことに注意されるべきである．図 3.8(b) は 1 から 11 までの標識でもって標識替えしたものである．上記で構成した k 個の点を持つ根つき標識ブロックの標識には，1 から $p+k$ までの標識から k 個を取り出し標識づける．その取り出す仕方は $\binom{p+k}{k}$ 通りある．取り出した k 個の標識により根への標識の仕方は k 通りある．よって，$kB_k\binom{p+k}{k}$ 個の連結な根つき標識グラフが生まれる．したがって，等式

$$C_1^{(r)}(x) = \sum_{k=1}^{\infty} \sum_{p=1}^{\infty} k B_k a_{k,p} \binom{p+k}{k} \frac{x^{p+k}}{(p+k)!} \qquad (3.2.33)$$

が得られる．(3.2.33) は，(3.2.32) を用いて，

$$C_1^{(r)}(x) = \sum_{k=1}^{\infty} B_k \frac{x^k}{(k-1)!} \sum_{p=1}^{\infty} a_{k,p} \frac{x^p}{p!} = x \sum_{k=1}^{\infty} B_k \frac{(C^{(r)}(x))^{k-1}}{(k-1)!}$$

(a)　　　　　　　　　　(b)

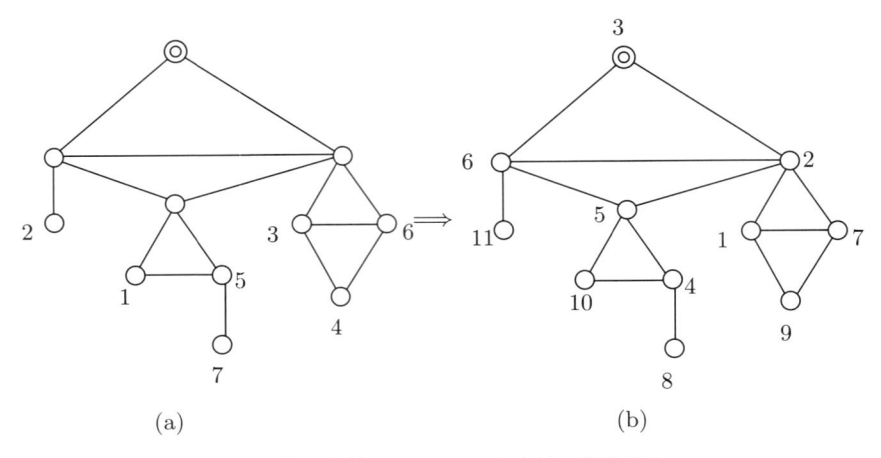

図 **3.8**　根にただ1つのブロックを持つ標識グラフ

と書き直される．したがって

$$\frac{C_1^{(r)}(x)}{x} = B'(C^{(r)}(x)) \tag{3.2.34}$$

となる．(3.2.34) に (3.2.29) を適用して

$$\frac{C_1^{(r)}(x)}{x} = B'(xC'(x)) \tag{3.2.35}$$

を得る．(3.2.35) に (3.2.31) および (3.2.29) を適用して，求める式 (3.2.28) を得る． ∎

定理 1.5.3 において，$A(x) = C'(x)$, $F(x) = B'(x)$ をとる．そこで，$a_m = \frac{C_{m+1}}{m!}$, $b_m = \frac{B_{m+1}}{m!}$ であり，C_{m+1} は (3.2.8) で与えられる．このとき，(1.5.12) から次の定理が得られる．

定理 3.2.10.　$m \geqq 2$ に対し，

$$B_m = (m-1)!H(m,1) - (m-2)!m\sum_{l=1}^{m-2}\frac{lB_{l+1}}{(l+1)!}H(m,l+1) \tag{3.2.36}$$

である．

B_m の算出に $H(m,k)$ の算出が必要である．$H(m,k)$ は $(xC'(x))^k$ の x^m の係数である．たとえば，$H(6,2) = \frac{1}{12}C_1C_5 + \frac{1}{3}C_2C_4 + \frac{1}{4}C_3^2$ である．表 3.3 で $H(m,k)$ の数値例を与える．

表 3.3 $H(m,k)$ の数値例

m \ k	1	2	3	4	5	6	7
1	1						
2	1	1					
3	2	2	1				
4	$\frac{19}{3}$	5	3	1			
5	$\frac{91}{3}$	$\frac{50}{3}$	9	4	1		
6	$\frac{3338}{15}$	$\frac{232}{3}$	32	14	5	1	
7	$\frac{116641}{45}$	$\frac{7966}{15}$	147	$\frac{160}{3}$	20	6	1

表 3.3 に基づき，$B(x)$ の初めの数項を算出しておこう：

$$B(x) = \frac{x^2}{2!} + \frac{x^3}{3!} + 10\frac{x^4}{4!} + 238\frac{x^5}{5!} + 11368\frac{x^6}{6!} + 1014888\frac{x^7}{7!} + \cdots. \quad (3.2.37)$$

(3.2.37) は位数 4 の標識ブロックは 10 通りあることを示しており，それらの標識ブロックを図 3.9 に図示した．

位数をパラメータにしての標識ブロックの数え上げを行った．ここでは，大きさをもパラメータに加えての数え上げを簡単に述べておこう．指数型母関数

$$C(x,y) = \sum_{n=1}^{\infty} C_n(y)\frac{x^n}{n!}, \quad B(x,y) = \sum_{n=1}^{\infty} B_n(y)\frac{x^n}{n!} \quad (3.2.38)$$

をとる．ここで，$C_n(y)$ は (3.2.10) で与えており，多項式 $B_n(y)$ の y^q の係数は位数 n，大きさ q の標識ブロックの個数を表す．$B_1(y) = 0$ とおく．$C(x,y)$ と $B(x,y)$ の間の関係が次の定理で与えられ，これは定理 3.2.9 に類似したものである．

定理 3.2.11.

$$C_x(x,y) = \exp\{B_x(xC_x(x,y),y)\} \quad (3.2.39)$$

が成り立つ．ここで，$C_x(x,y)$，$B_x(x,y)$ は x に関する偏微分を表す．

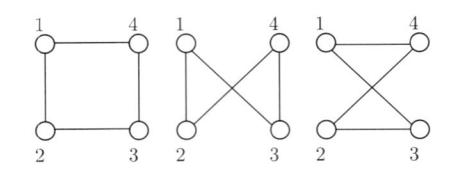

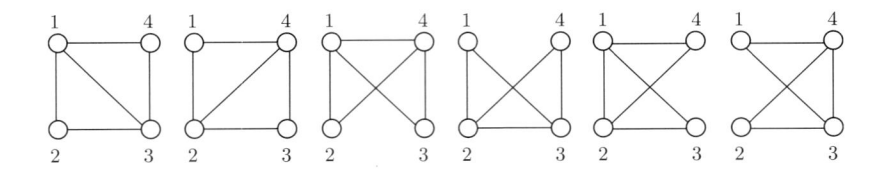

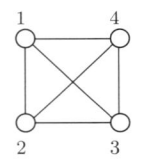

図 3.9 位数 4 の標識ブロック

$H_{m,k}(y)$ を $(xC_x(x,y))^k$ の x^m の係数とすると，定理 3.2.10 に類似した次の定理が得られる．

定理 3.2.12. $m \geqq 2$ に対し，

$$B_m(y) = (m-1)!H_{m,1}(y) - (m-2)!m\sum_{l=1}^{m-2}\frac{lB_{l+1}(y)H_{m,l+1}(y)}{(l+1)!} \qquad (3.2.40)$$

である．

$H_{m,k}(y)$ は $H(m,k)$ に対応するもので，$H(m,k)$ に現れる C_n を $C_n(y)$ で置き換えてよい．たとえば，$H(6,2) = \frac{1}{12}C_1C_5 + \frac{1}{3}C_2C_4 + \frac{1}{4}C_3^2$ であり，$H(6,2)$ に対応する $H_{6,2}(y)$ は $H_{6,2}(y) = \frac{1}{12}C_1(y)C_5(y) + \frac{1}{3}C_2(y)C_4(y) + \frac{1}{4}(C_3(y))^2$ と

書ける．(3.2.40) を用いて，$B_m(y)$ のいくつかを求めておこう．

$$B_2(y) = y$$
$$B_3(y) = y^3$$
$$B_4(y) = 3y^4 + 6y^5 + y^6$$
$$B_5(y) = 12y^5 + 70y^6 + 100y^7 + 45y^8 + 10y^9 + y^{10}$$
$$B_6(y) = 60y^6 + 720y^7 + 2445y^8 + 3535y^9 + 2697y^{10}$$
$$+ 1335y^{11} + 455y^{12} + 105y^{13} + 15y^{14} + y^{15}$$
$$B_7(y) = 360y^7 + 7560y^8 + 46830y^9 + 133581y^{10} + 216951y^{11}$$
$$+ 232820y^{12} + 183540y^{13} + 111765y^{14} + 53627y^{15}$$
$$+ 20307y^{16} + 5985y^{17} + 1330y^{18} + 210y^{19} + 21y^{20} + y^{21}.$$

$B_4(y)$ における y^4, y^5, y^6 のそれぞれの係数は図 3.9 の上段，中段，下段に対応している．つまり，上段に示されている位数 4，大きさ 4 の 3 個の標識ブロックは y^4 の係数 3 に対応している．中段における位数 4，大きさ 5 の 6 個の標識ブロックは y^5 の係数 6 に対応している．下段についても同様に観察できる．

本節において，標識ブロックの数え上げの考察を行ってきた．Jin [17] は，切断点を 1 つ持つ連結グラフで，この切断点のまわりに，与えられた個数のブロックが付随している場合の数え上げを行った．

第4章

非標識グラフの数え上げ

　本章では，グラフの"形"にのみ注目したもの，つまり非標識グラフを数えよう．非標識グラフの個数を求める問題は適当な置換群の軌道の個数を求める問題にすりかえられる．対象となる置換群の各元（置換）により固定される対象の個数に基づき軌道の個数を書き下す仕方は Cauchy-Frobenius によって与えられた．置換群には巡回指数と呼ばれる1つの多項式が対応する．Redfield [26] は 1927 年に巡回指数という概念を発見し，Pólya [23] は 10 年後に Redfield とは独立に巡回指数という概念を発見した．しかし，Redfield の業績は埋もれたままだった．彼の業績は，Pólya の定理のグラフの数え上げへの適用が起爆剤となって，世に認められるようになった．

　Redfield は数え上げの対象を行列の形にやき直して考察を行った．彼の方法は，ある問題の解決には都合よく見事なものだが，数え上げの対象となる集合の構造を行列の形に翻訳するという作業が必要ということから取り扱いにいくらか困難が生じる．それに比べて，Pólya の数え上げ定理は写像の数え上げに効果を発揮し，実際グラフに関する多くの問題に適用され多くの解決を見た．Pólya の定理は Cauchy-Frobenius の補題を組み込み，巡回指数と図形数え上げ級数と呼ばれる多項式を通してグラフの集まりを母関数で表すことを可能にしている．したがって，Pólya の定理は一般性があり，使い道が広く，使いやすい．このことが，Pólya の方法が数え上げ問題の中でもっとも力強い道具と見なされるゆえんである．

4.1 配置とその同値性

決められた場所に考えられる対象をどのように配置するかを考えることがよくある．正六面体の各面への種々の色での彩色は，各面に色を配置すると考える．また，決められた場所への図形の書き込みは図形の配置と考えられる．平面の上に散りばめられた各 2 点の間に辺を配置するというのは，標識グラフを描くことと同じことである．場所の集まりを表す集合 D と対象の集まりを表す集合 R に対し，D から R への写像 g は D の元が表す場所に R の元が表す対象を配置する仕方を定める．本章以降，$|R| > 1$ とする．D の元は "位置" (place)，R の元は "図形" (figure)，g は配置 (configuration) と呼ばれる．標識グラフの場合は，2 点からなる各組が位置に対応し，2 点の非隣接が 1 つの図形，2 点の隣接がもう 1 つの図形に対応して，標識グラフそのものが配置である．

決められた位置に図形を配置する仕方を数え上げる問題は，D から R への写像を数え上げる問題と同じことである．D から R への写像の全体を R^D と書き，ある基準に従って R^D を類別することを考える．A を D 上の置換群，B を R 上の置換群とする．$\alpha \in A, \beta \in B$ に対し，R^D から R^D への写像 $(\alpha; \beta)$ を

$$((\alpha; \beta)g)(d) = \beta g(\alpha(d)) \qquad d \in D \tag{4.1.1}$$

と定めると，$\{(\alpha; \beta) | \alpha \in A, \beta \in B\}$ は R^D 上の置換群であり B^A と書き，べき群と呼ばれる [12]．

$g_1, g_2 \in R^D$ に対して，$(\alpha; \beta)g_1 = g_2$ を満たす B^A の元 $(\alpha; \beta)$ が存在するとき，g_1 は g_2 と B^A-同値と呼ばれる．配置の数え上げは，この同値関係に基づいて R^D を類別し，同値類の個数を考察することである．点集合 V に対し，$D = \binom{V}{2}$ をとり，$R = \{0,1\}$，B として単位群（恒等置換のみからなる置換群）をとると，g_1 と g_2 の同値性は標識グラフの同型性に置き換えられる．同値性に基づく配置の数え上げには置換群の構造の考察が不可欠である．本章で，べき群 B^A を考えるときは，B として**単位群**をとるものとする．次節では，グラフに関係した群について考えてみよう．

4.2 グラフと群

3.1 節でグラフの群について述べた．ここで，もう一度触れてみることにする．$\mathfrak{S}_n$ を点集合 $V = \{1, 2, \ldots, n\}$ 上の対称群とする．$\alpha \in \mathfrak{S}_n$ に対し，$\binom{V}{2}$ 上の置換 α' を

$$\alpha'\{i, j\} = \{\alpha i, \alpha j\}$$

により定めると，$\{\alpha' \mid \alpha \in \mathfrak{S}_n\}$ は $\binom{V}{2}$ 上の置換群で対群 (pair group) と呼ばれ，$\mathcal{P}_n$ と書かれる．$n \geqq 3$ であれば，$\mathfrak{S}_n$ と $\mathcal{P}_n$ は群として同型である．

g_V を V 上標識グラフとする．$\alpha' \in \mathcal{P}_n$ に対し，$\{\alpha'\{i, j\} \mid \{i, j\} \in E(g_V)\}$ を $\alpha' E(g_V)$ と書く．このとき，$\{\alpha \in \mathfrak{S}_n \mid \alpha' E(g_V) = E(g_V)\}$ は 3.1 節で定義した g_V の群 $\Gamma(g_V)$ に他ならない．次の定理は標識補グラフの定義から明らかである．

定理 4.2.1. 標識グラフ g_V に対し，

$$\Gamma(g_V) = \Gamma(\overline{g_V}) \tag{4.2.1}$$

が成り立つ．

V 上標識グラフ g_V の群 $\Gamma(g_V)$ に対し，集合 $\Gamma_1(g_V) = \{\alpha' \in \mathcal{P}_n \mid \alpha \in \Gamma(g_V)\}$ を定める．$\Gamma_1(g_V)$ は $\Gamma(g_V)$ により g_V の辺集合 $E(g_V)$ 上に誘導される g_V のもう 1 つの群である．$\Gamma_1(g_V)$ は g_V の辺-群と呼ばれる．これに対して，$\Gamma(g_V)$ を g_V の点-群と呼ばれることがある．断らない限り，g_V の群といえば，点-群を指すものとする．

点集合 $V = \{1, 2, \ldots, n\}$ に対し，$\binom{V}{2}$ を辺集合に持つ標識グラフは n 点標識完全グラフ（標識づけられた完全グラフ）といわれ，K_n と書く．次の定理を持つ．

定理 4.2.2. n 点標識完全グラフ K_n に対し

$$\Gamma(K_n) = \mathfrak{S}_n, \quad \Gamma_1(K_n) = \mathcal{P}_n \tag{4.2.2}$$

である．

V 上標識グラフ g_V の 2 つの点 v_1 と v_2 が相似であるというのは，ある $\alpha \in \Gamma(g_V)$ があって $\alpha v_1 = v_2$ となることである．また，2 つの辺 e_1 と e_2 が

相似であるというのは，ある $\alpha' \in \Gamma_1(g_V)$ があって $\alpha' e_1 = e_2$ となることである．g_V の 2 つの標識部分グラフ h_1 と h_2 が相似であるというのは，g_V のある自己同型写像により h_1 から h_2 へ移りあうことができるということである．相似でない 2 つの標識部分グラフは非相似と呼ばれる．

4.3　Cauchy-Frobenius

Cauchy-Frobenius の補題（かつては，Burnside の補題と呼ばれていたものである）といわれている定理をまず提示し，その後，Pólya の定理に組み込まれる写像の重みの定義，重みつき Cauchy-Frobenius の補題を述べ，次節の最後に，Cauchy-Frobenius の補題のグラフの数え上げへの応用について考察する．

A を集合 $X = \{1, 2, \ldots, n\}$ 上の n 次置換群とし，$x, y \in X$ に対し，$\alpha x = y$ を満たす α が A に存在するとき，x と y は A-同値と呼ばれる．この同値関係により，X は同値類に類別される．各同値類は A-軌道といわれ，A-軌道の個数を $N(A)$ と書く．$\alpha x = x$ を満たす $x \in X$ は置換 α の固定元といわれる．

4.3.1　Cauchy-Frobenius の補題

Cauchy-Frobenius の補題（定理 4.3.2 である）の証明に必要とする以下の補題 4.3.1 を用意する．x を固定元にする A の元の集合を A_x，すなわち $A_x = \{\alpha \in A \mid \alpha x = x\}$ と書く．

補題 4.3.1. A-軌道の 1 つを X_λ とする．このとき，X_λ の任意の元 x に対し，等式

$$|X_\lambda| = \frac{|A|}{|A_x|} \tag{4.3.1}$$

が成り立つ．

証明． $\alpha, \beta \in A$ に対し，$\alpha^{-1}\beta \in A_x$ が成り立つとき，関係 $\alpha \equiv \beta$ を定めると，この関係は同値関係であることは簡単に確かめられる．したがって，A はこの同値関係により類別され，同値類すべてからなる集合を $\mathcal{B}$ と書く．$B \in \mathcal{B}$ に対し，B の元を 1 つとり，それを β_1 とおく．任意の $\pi \in A_x$ に対し，$\beta_1 \pi \equiv \beta_1$ であるから，$\beta_1 \pi \in B$ であり，$\beta_1 A_x \subset B$ であることがわかる．逆に，勝手な B の元 β に対し，$\beta \equiv \beta_1$ であるから，$\beta = \beta_1 \pi$ を満たす

$\pi \in A_x$ が存在する．このことは，$\beta \in \beta_1 A_x$ を示しており，以上のことから $B = \beta_1 A_x$ と書けることがわかる．さらにこのことは，

$$|B| = |A_x| \qquad \forall B \in \mathcal{B}$$

を示しており，したがって

$$|\mathcal{B}| = \frac{|A|}{|A_x|} \tag{4.3.2}$$

であることがわかる．

$\mathcal{B}$ における各同値類から代表元をとり，それらを $\beta_0, \beta_1, \beta_2, \ldots, \beta_{t-1}$ と書く．ここで，β_0 は A の単位元であり，$t = |\mathcal{B}|$ である．このとき，$\beta_0 x, \beta_1 x, \ldots, \beta_{t-1} x$ はすべて異なっており，X_λ の元である．また，X_λ の任意の元 y は A のある元 β により $\beta x = y$ である．β は $\mathcal{B}$ に属するある同値類 B の元であり，B の代表元 β_i でもって $\beta = \beta_i \xi$ と書ける．ここで，$\xi \in A_x$ である．$\xi x = x$ であるから，

$$y = \beta x = (\beta_i \xi) x = \beta_i x$$

が導かれ，$X_\lambda = \{\beta_i x \mid i = 0, 1, 2, \ldots, t-1\}$ であることがわかる．したがって，等式 $|X_\lambda| = t = |\mathcal{B}|$ を得る．(4.3.2) から，等式 (4.3.1) を得る． ∎

さて，Cauchy-Frobenius の補題 ([6, 9]) と呼ばれる定理 4.3.2 に進もう．これは，同値類の個数が固定元の個数の平均値で与えられるというものである．置換 $\alpha \in A$ に対し，α の固定元の個数を $j_1(\alpha)$ と書く．ここで，各置換における巡回成分の個数について，後にたびたび目にするということから（A として種々の置換群を考えるから），用いる記号を以下に定めておく．置換 $\alpha \in A$ をどの 2 つも共通の文字を持たない巡回成分の積に分解し，それら巡回成分からなる集合を $\mathrm{dec}(\alpha)$ と書くことにする．α における長さ 1 の巡回成分の個数は $j_1(\alpha)$ であるということをすでに定義した．$\mathrm{dec}(\alpha)$ に属する長さ 2 の巡回成分の個数を $j_2(\alpha)$，長さ 3 の巡回成分の個数を $j_3(\alpha)$，……，長さ n の巡回成分の個数を $j_n(\alpha)$ と書けば，組 $(j_1(\alpha), j_2(\alpha), \ldots, j_n(\alpha))$ は α の型と呼ばれ，$\mathrm{type}(\alpha)$ と表記する．$\mathrm{type}(\alpha) = 1^{j_1(\alpha)} 2^{j_2(\alpha)} \cdots n^{j_n(\alpha)}$ とも書かれることもあり，

$$1 \cdot j_1(\alpha) + 2 \cdot j_2(\alpha) + \cdots + n \cdot j_n(\alpha) = n \tag{4.3.3}$$

を満たす．

例 4.3.1. $X = \{1, 2, \ldots, 11\}$ 上の置換

$$\alpha = \begin{pmatrix} 1 & 2 & 3 & 4 & 5 & 6 & 7 & 8 & 9 & 10 & 11 \\ 1 & 2 & 3 & 5 & 4 & 7 & 6 & 9 & 10 & 11 & 8 \end{pmatrix}$$

を考える．このとき，α は次のように巡回成分（巡回的に表現される）の積に分解される．

$$\alpha = (1)(2)(3)(4\,5)(6\,7)(8\,9\,10\,11).$$

したがって，$\text{dec}(\alpha) = \{(1), (2), (3), (4\,5), (6\,7), (8\,9\,10\,11)\}$ である．$j_1(\alpha) = 3, j_2(\alpha) = 2, j_3(\alpha) = 0, j_4(\alpha) = 1, j_k(\alpha) = 0 \ (5 \leq k \leq 11)$ であるから，$\text{type}(\alpha) = (3, 2, 0, 1, 0, 0, 0, 0, 0, 0, 0)$ または $\text{type}(\alpha) = 1^3 2^2 4^1$ である．後者の表記の場合，$j_k = 0$ の項は省略する．

定理 4.3.2. （Cauchy-Frobenius の補題）A-軌道の個数 $N(A)$ は次の式で与えられる．

$$N(A) = \frac{1}{|A|} \sum_{\alpha \in A} j_1(\alpha). \tag{4.3.4}$$

証明． $A \times X$ 上の関数 $\varphi : A \times X \to \{0, 1\}$ を次のように定める：$\alpha \in A$ および $x \in X$ に対し

$$\varphi(\alpha, x) = \begin{cases} 1 & (\alpha x = x \text{ を満たすとき}) \\ 0 & (\text{そうでないとき}) \end{cases}$$

である．A-軌道すべてを $X_1, X_2, \ldots, X_t$ と書くと（ここで，$t = N(A)$ である）．関数 φ は次の性質を持つ：

(1) $\alpha \in A$ に対して $\displaystyle\sum_{x \in X} \varphi(\alpha, x) = j_1(\alpha)$.

(2) X_i の各元 x に対して $\displaystyle\sum_{\alpha \in A} \varphi(\alpha, x) = |A_x|$.

(1) における $j_1(\alpha)$ について和 $\displaystyle\sum_{\alpha \in A} j_1(\alpha)$ は

$$\sum_{\alpha \in A} j_1(\alpha) = \sum_{\alpha \in A} \sum_{x \in X} \varphi(\alpha, x) \tag{4.3.5}$$

となり，この式の右辺の和をとり替え，また $X = X_1 \cup X_2 \cup \cdots \cup X_t$ ($X_i \cap X_j = \phi, i \neq j$) であることに注意し，上記の (2) を適用して，

$$\sum_{\alpha \in A} \sum_{x \in X} \varphi(\alpha, x) = \sum_{x \in X} \sum_{\alpha \in A} \varphi(\alpha, x) = \sum_{i=1}^{t} \sum_{x \in X_i} |A_x| \qquad (4.3.6)$$

となることがわかる．補題 4.3.1 を用いる．X_i の各元 x に対して，$|A_x| = \frac{|A|}{|X_i|}$ であるから，

$$\sum_{i=1}^{t} \sum_{x \in X_i} |A_x| = \sum_{i=1}^{t} \sum_{x \in X_i} \frac{|A|}{|X_i|} = t|A| \qquad (4.3.7)$$

が得られる．(4.3.5), (4.3.6) および (4.3.7) から結局

$$\sum_{\alpha \in A} j_1(\alpha) = t|A|$$

となり，等式 (4.3.4) が得られる． ■

Y を A-軌道のいくつかを集めた和集合とする．X 上の置換 α の Y への制限を $\alpha|Y$ と書き，$j_1(\alpha|Y)$ は α の固定元のうち Y に属する元の個数である．定理 4.3.2 の証明と全く同様に，次の結果を証明することができる．

定理 4.3.3. (Cauchy-Frobenius の補題の制限された形) Y を X の部分集合とする．Y を $N_Y(A)$ 個の A-軌道の和集合とするならば，$N_Y(A)$ は次の式で与えられる．

$$N_Y(A) = \frac{1}{|A|} \sum_{\alpha \in A} j_1(\alpha|Y). \qquad (4.3.8)$$

4.4 Cauchy-Frobenius の補題の応用

A を位置の集合 D の上の置換群とし，$E = \{\iota\}$ を図形の集合 R ($|R| > 1$ とする) 上の単位群とする，ここで，ι は R 上の恒等置換である．本節で，互いに同値でない配置の個数に関する公式をあげ，また非標識グラフの個数に関する公式を紹介しよう．

4.4.1 R^D への応用

D から R への配置 g について次の補題を持つ．証明は読者に委ねたい．

補題 4.4.1. $\alpha \in A$ に対し, $g \in R^D$ が $(\alpha; \iota)$ の固定元であるための必要十分条件は, $\mathrm{dec}(\alpha)$ の各元 z について, z の各要素の g による値が一定（この値を z 上の値といい, $g(z)$ と書く）であることである.

補題 4.4.1 により, $\alpha \in A$ に対し $(\alpha; \iota)$ の固定元の個数, すなわち $j_1((\alpha; \iota))$ は

$$j_1((\alpha; \iota)) = |R|^{|\mathrm{dec}(\alpha)|} \tag{4.4.1}$$

で与えられることがわかる.

$$|\mathrm{dec}(\alpha)| = \sum_{k=1}^{n} j_k(\alpha) \tag{4.4.2}$$

であるから（n は置換群 A の次数）, 定理 4.3.2 により次の定理を得る. ここで, $|R| > 1$ より $|E^A| = |A|$ であることに注意されたい.

定理 4.4.2. E^A-軌道の個数 $N(E^A)$ は次の式で与えられる.

$$N(E^A) = \frac{1}{|A|} \sum_{\alpha \in A} |R|^{\sum_{k=1}^{n} j_k(\alpha)}. \tag{4.4.3}$$

4.4.2 非標識グラフへの応用

位数 n の非標識グラフの個数に関する公式を与えよう. 点集合 $V = \{1, 2, \ldots, n\}$ に対し, $D = \binom{V}{2}$ をとり, $R = \{0, 1\}$ をとる. V 上の置換群として対称群 $\mathfrak{S}_n$ をとるから, A は対群 $\mathcal{P}_n$ である. $E^{\mathcal{P}_n}$-軌道の個数 $N(E^{\mathcal{P}_n})$ は位数 n の非標識グラフの個数であり, $\mathfrak{g}_n$ と書く. $n \geqq 3$ であれば, $\mathcal{P}_n$ は $\mathfrak{S}_n$ と群として同型であるから, 定理 4.4.2 により次の系を持つ.

系 4.4.3. n を $n \geqq 3$ となる正の整数とする. このとき, 位数 n の非標識グラフの個数 $\mathfrak{g}_n$ は次の式で与えられる.

$$\mathfrak{g}_n = \frac{1}{n!} \sum_{\alpha \in \mathfrak{S}_n} 2^{\sum_{k=1}^{\mu} j_k(\alpha')}. \tag{4.4.4}$$

ここで, $\mu = \binom{n}{2}$ であり, α' は $\mathcal{P}_n$ の元である.

4.4 Cauchy-Frobenius の補題の応用

さて，$\mathcal{P}_n$ に属する置換 α' について，$j_k(\alpha')$ を具体的に書き表すことにしよう．この仕事に入る前に，ここで，対称群における基本的な性質を述べておこう．4.3.1 項で置換群の基本的性質を少し述べておいた．それに少し付け加えておく．$\mathfrak{S}_n$ の 2 つの元 α と β について，$\pi \alpha \pi^{-1} = \beta$ を満たす $\mathfrak{S}_n$ の元 π が存在するとき，α と β は互いに共役であるといわれる．この共役な関係は同値関係であり，$\mathfrak{S}_n$ は同値類に類別される．各同値類は $\mathfrak{S}_n$ の共役類と呼ばれる．$\mathfrak{S}_n$ の 2 つの元 α と β が共役であるための必要十分条件は $\mathrm{type}(\alpha) = \mathrm{type}(\beta)$ が成り立つことである．したがって，$\mathfrak{S}_n$ の各共役類に属する元の型はすべて一致する．このことから，元 $\alpha \in \mathfrak{S}_n$ が属する共役類の型が定まり，この共役類は $\mathrm{type}(\alpha)$ 型を持つといわれる．$\mathrm{type}(\alpha)$ は (4.3.3) に示した不定方程式を満たすから，$\mathfrak{S}_n$ の共役類の個数は不定方程式 (4.3.3) の非負整数解の個数に等しい．この不定方程式の非負整数解の全体を $\mathfrak{J}_n$ と書く．$n = 4$ の場合，

$$\mathfrak{J}_4 = \{(4,0,0,0), (2,1,0,0), (0,2,0,0), (1,0,1,0), (0,0,0,1)\} \tag{4.4.5}$$

であり，$\mathfrak{S}_4$ の共役類は 5 個ある．

次の定理の証明は割愛する．証明に興味のある読者は群論の本を参照してほしい．

定理 4.4.4.（*Cauchy* の公式）
$\mathfrak{S}_n$ の $(j) = (j_1, j_2, \ldots, j_n)$ 型の共役類に含まれる元の個数（$h(\mathfrak{S}_n : (j))$ と書く）は

$$h(\mathfrak{S}_n : (j)) = \frac{n!}{1^{j_1} j_1! 2^{j_2} j_2! \cdots n^{j_n} j_n!} \tag{4.4.6}$$

で与えられる．

付録 C に $1 \leq n \leq 10$ に対する $\mathfrak{S}_n$ の共役類の型と対応する共役類の元の個数を示す．対群 $\mathcal{P}_n$ に属する置換の型の決定のため，2 つの補題を用意しよう．

補題 4.4.5. 長さ k の巡回置換 $z_k = (p_1 p_2 p_3 \cdots p_k)$ を考える．$P = \{\{p_i, p_j\} \mid i, j = 1, 2, \ldots, k, i \neq j\}$ とおく．このとき，z_k により誘導された P 上の置換は，

(1) k が偶数のとき．長さ k の巡回成分を $\frac{k-2}{2}$ 個持ち，長さ $\frac{k}{2}$ の巡回成分を 1 個持つ．

(2) k が奇数のとき，長さ k の巡回成分を $\frac{k-1}{2}$ 個持つ．

証明．k が偶数，すなわち $k = 2l$ のとき，z_k により誘導された P 上の置換の各巡回成分は

$$(p_1p_2 \ \ p_2p_3 \ \ \cdots \ \ p_{2l-1}p_{2l} \ \ p_{2l}p_1),$$
$$(p_1p_3 \ \ p_2p_4 \ \ \cdots \ \ p_{2l-1}p_1 \ \ p_{2l}p_2),$$
$$\vdots$$
$$(p_1p_l \ \ p_2p_{l+1} \ \ \cdots \ \ p_{2l-1}p_{l-2} \ \ p_{2l}p_{l-1}),$$
$$(p_1p_{l+1} \ \ p_2p_{l+2} \ \ \cdots \ \ p_{l-1}p_{2l-1} \ \ p_lp_{2l})$$

と書ける．ここで，p_ip_j は $\{p_i, p_j\}$ を意味する．各 $\{p_i, p_j\}$ は上記のいずれかの巡回成分に属し，また 2 つ以上の巡回成分に属することはない．これら巡回成分のうち，はじめの $l-1$ 個の巡回成分の長さはすべて $2l$ であり，最後の巡回成分の長さは l であることがわかる．すなわち，z_k により誘導される集合 P 上の置換は長さ k の巡回成分を $\frac{k-2}{2}$ 個持ち，長さ $\frac{k}{2}$ の巡回成分を 1 個持つ．

k が奇数の場合は，上述と同様に，z_k により誘導された P 上の置換の各巡回成分を書き下すことができ，それらの長さはすべて同じ k であり，巡回成分の個数は $\frac{k-1}{2}$ 個である． ■

正整数 r, t の最大公約数，最小公倍数をそれぞれ $d(r,t)$ と $\ell(r,t)$ で表す．長さ 4 の巡回置換 $(p_1 \, p_2 \, p_3 \, p_4)$ と長さ 6 の巡回置換 $(q_1 \, q_2 \, q_3 \, q_4 \, q_5 \, q_6)$ および集合 $P = \{\{p_i, q_j\} | i = 1, 2, 3, 4; j = 1, 2, \ldots, 6\}$ を考える．置換 $(p_1 \, p_2 \, p_3 \, p_4)(q_1 \, q_2 \, q_3 \, q_4 \, q_5 \, q_6)$ は以下に示す長さが $\ell(4,6) = 12$ である巡回成分を $d(4,6) = 2$ 個持つ P 上の置換を誘導する．それらの巡回成分は

$$(p_1q_1 \ \ p_2q_2 \ \ p_3q_3 \ \ p_4q_4 \ \ p_1q_5 \ \ p_2q_6 \ \ p_3q_1 \ \ p_4q_2 \ \ p_1q_3 \ \ p_2q_4 \ \ p_3q_5 \ \ p_4q_6),$$
$$(p_1q_2 \ \ p_2q_3 \ \ p_3q_4 \ \ p_4q_5 \ \ p_1q_6 \ \ p_2q_1 \ \ p_3q_2 \ \ p_4q_3 \ \ p_1q_4 \ \ p_2q_5 \ \ p_3q_6 \ \ p_4q_1)$$

である．ここで，p_iq_j は $\{p_i, q_j\}$ を意味する．この例により，次の補題が得られることは容易に推察されるであろう．

補題 4.4.6. $a_r = (p_1\,p_2\,\cdots\,p_r)$ を長さ r の巡回置換とし，$b_t = (q_1\,q_2\,\cdots\,q_t)$ を長さ t の巡回置換とする．ここで，a_r と b_t は共通の文字を持たない．置換 $a_r b_t$ により集合 $\{\{p_i, q_j\} \mid i = 1, 2, \ldots, r; j = 1, 2, \ldots, t\}$ 上に誘導された置換は，長さ $\ell(r, t)$ の巡回成分を $d(r, t)$ 個持つ．

次に，各巡回成分に含まれる文字の出現頻度を見ておこう．以下で，$\#M$ は集合 M の元の個数 $|M|$ を表示する．

系 4.4.7.

(1) 長さ k の巡回置換 $z_k = (p_1\,p_2\,p_3\,\cdots\,p_k)$ を考える．$P = \{\{p_i, p_j\} \mid i, j = 1, 2, \ldots, k, i \neq j\}$ とおく．このとき，z_k により誘導された P 上の置換 z_k' について

  (i) $\operatorname{dec}(z_k')$ に属する長さ k の各巡回成分 η に関し

  $$\text{任意の } p_i \text{ に対し}, \quad \#\{\{p_i, p_j\} \in \eta \mid j = 1, 2, \ldots, k; j \neq i\} = 2.$$

  (ii) k が偶数のとき，$\operatorname{dec}(z_k')$ に属する長さ $\frac{k}{2}$ の巡回成分 η に関し

  $$\text{任意の } p_i \text{ に対し}, \quad \#\{\{p_i, p_j\} \in \eta \mid j = 1, 2, \ldots, k; j \neq i\} = 1.$$

(2) $a_r = (p_1\,p_2\,\cdots\,p_r)$ を長さ r の巡回置換とし，$b_t = (q_1\,q_2\,\cdots\,p_t)$ を長さ t の巡回置換とする．ここで，a_r と b_t は共通の文字を持たない．置換 $\tau_{r,t} = a_r b_t$ により集合 $\{\{p_i, q_j\} \mid i = 1, 2, \ldots, r; j = 1, 2, \ldots, t\}$ 上に誘導された置換 $\tau_{r,t}'$ について $\operatorname{dec}(\tau_{r,t}')$ に属する各巡回成分 η に関し，

$$\text{任意の } p_i \text{ に対し}, \quad \#\{\{p_i, q_j\} \in \eta \mid j = 1, 2, \ldots, t\} = \frac{l(r,t)}{r}$$

$$\text{任意の } q_j \text{ に対し}, \quad \#\{\{p_i, q_j\} \in \eta \mid i = 1, 2, \ldots, r\} = \frac{l(r,t)}{t}.$$

$\mathfrak{S}_n$ における $(j_1, j_2, \ldots, j_n)$ 型の置換 α が対群 $\mathcal{P}_n$ に属する置換 α' を誘導する．α' の置換の型を $(j_1', j_2', \ldots, j_\mu')$ と書く．ここで，$\mu = \binom{n}{2}$ である．各 $k = 1, 2, \ldots, \mu$ について，補題 4.4.5 および補題 4.4.6 を用いて j_k' を j_k で書き表すことができる．その結果は次の通りである．$J_k = \{(r, t) \mid l(r, t) = k, r <$

$t\}$, $k = 1, 2, \ldots, 2\mu$ とおく．このとき

$$j'_k = \frac{k-2}{2}j_k + j_{2k} + k\binom{j_k}{2} + \sum_{(r,t) \in J_k} d(r,t)j_r j_t \quad (k \text{ が偶数のとき}) \quad (4.4.7)$$

$$j'_k = \frac{k-1}{2}j_k + j_{2k} + k\binom{j_k}{2} + \sum_{(r,t) \in J_k} d(r,t)j_r j_t \quad (k \text{ が奇数のとき}) \quad (4.4.8)$$

ここで，$k > n$ に対し，$j_k = 0$ と定める．

例 4.4.1. $n = 4$ の場合を考える．4 次の対称群 $\mathfrak{S}_4$ は，(4.4.5) で見られるように，5 つの共役類を持つ．表 4.1 は共役類の各型 $(j) = (j_1, j_2, j_3, j_4)$ に対応する $(j'_1, j'_2, \ldots, j'_6)$ を示している．表 4.1 の第 1 列は (4.4.5) における $\mathfrak{J}_4$ の元を並べたもので，第 2 列は $\mathfrak{S}_4$ における (j_1, j_2, j_3, j_4) 型の共役類に属する元の個数であり，(4.4.6) により求めたものである．また，第 3 列は (4.4.7)，(4.4.8) により求めたものである．

表 4.1 型 (j_1, j_2, j_3, j_4) に対応する型 $(j'_1, j'_2, \ldots, j'_6)$

$(j) = (j_1, j_2, j_3, j_4)$	$h(\mathfrak{S}_4 : (j))$	$(j'_1, j'_2, \ldots, j'_6)$
$(4, 0, 0, 0)$	1	$(6, 0, 0, 0, 0, 0)$
$(2, 1, 0, 0)$	6	$(2, 2, 0, 0, 0, 0)$
$(0, 2, 0, 0)$	3	$(2, 2, 0, 0, 0, 0)$
$(1, 0, 1, 0)$	8	$(0, 0, 2, 0, 0, 0)$
$(0, 0, 0, 1)$	6	$(0, 1, 0, 1, 0, 0)$

(4.4.7) と (4.4.8) から和 $\sum_{k=1}^{\mu} j'_k$ は

$$\sum_{k=1}^{\mu} j'_k = \sum_{k=1}^{\mu} k\left(j_{2k} + j_{2k+1} + \binom{j_k}{2}\right) + \sum_{r<t} d(r,t)j_r j_t \quad (4.4.9)$$

で与えられる．n 次対称群 $\mathfrak{S}_n$ において，型 $(j_1, j_2, \ldots, j_n)$ を持つ共役類の元の個数は定理 4.4.4 で与えられるから，系 4.4.3 により，位数 n の非標識グラフの個数は次のように書ける．

系 4.4.8. n を $n \geq 3$ となる正の整数とする．このとき，位数 n の非標識グ

ラフの個数 $\mathfrak{g}_n$ は

$$\mathfrak{g}_n = \frac{1}{n!} \sum_{(j_1,\ldots,j_n)\in \mathfrak{J}_n} h(\mathfrak{S}_n : (j)) 2^{\sum_{k=1}^{\mu} j'_k} \tag{4.4.10}$$

により求められる．ここで，$\sum_{k=1}^{\mu} j'_k$ は (4.4.9) で与えられる．

位数 4 の非標識グラフがいくつあるだろうか．4 次の対称群 $\mathfrak{S}_4$ の共役類は，表 4.1 を系 4.4.8 に適用することにより，

$$\mathfrak{g}_4 = \frac{1}{4!}(1 \cdot 2^6 + 6 \cdot 2^4 + 3 \cdot 2^4 + 8 \cdot 2^2 + 6 \cdot 2^2) = 11$$

となり，位数 4 の非標識グラフは 11 個あることがわかる．それらは図 2.6 に描かれている．表 4.2 は $1 \leqq n \leqq 10$ に対し，位数 n の非標識グラフの個数を示している．

表 4.2 位数 n の非標識グラフの個数

n	1	2	3	4	5	6	7	8	9	10
$\mathfrak{g}_n$	1	2	4	11	34	156	1044	12346	274668	12005168

4.5 重み関数

配置を類別してできる同値類の数を数えるだけにとどまらず，同値類の中の配置の性質を知りたいことが問題の中でしばしば見られる．そこで写像の重みという概念を導入する．

図形の集合 R から $\Omega_x = \{1, x, x^2, \ldots, x^k, \ldots\}$ への関数

$$w : R \to \Omega_x \tag{4.5.1}$$

を重み関数といい，図形 $r \in R$ は重み $w(r)$ を持つという．$x^0 = 1$ と定め，おのおのの非負整数 k に対し $|w^{-1}(x^k)| < \infty$ とする．$w(r) = x^k$ であるとき，x^k の指数 k を図形 r の重み指数といい，$k = I(r)$ と書く．$I(r) = k$ を持つ R に属する図形 r の個数を $\mathfrak{f}_k$ と書く．すなわち

$$\mathfrak{f}_k = |w^{-1}(x^k)| \qquad (k = 0, 1, 2, \ldots). \tag{4.5.2}$$

重み指数に従って R の元を数え上げる級数

$$\mathfrak{f}(x) = \sum_{k=0}^{\infty} \mathfrak{f}_k x^k \qquad (4.5.3)$$

を定義し，これを図形数え上げ級数 (figure counting series) という．特に

$$\mathfrak{f}(1) = |R| \qquad (4.5.4)$$

である．

位置の集合 D，図形の集合 R に対し，配置全体の集合 R^D の元 g の重みは

$$w(g) = \prod_{d \in D} w(g(d)) \qquad (4.5.5)$$

によって定義される．$w(g) = x^k$ であるとき，k を g の重み指数といい，$k = I(g)$ と書く．D 上の置換群 A に対し，同じ E^A-軌道に属する g_1 と g_2 に対し，A のある元 α により

$$(\alpha; \iota)g_1 = g_2 \text{ すなわち } \quad g_1(\alpha d) = g_2(d) \quad (d \in D)$$

が成り立つ．このことは

$$w(g_2) = \prod_{d \in D} w(g_2(d)) = \prod_{d \in D} w(g_1(\alpha d)) = \prod_{d \in D} w(g_1(d)) = w(g_1)$$

すなわち $w(g_2) = w(g_1)$ を導く．したがって，同一軌道に属する配置は同じ重みを持ち，同じ重み指数を持つことが結論される．この重みは軌道の重みと呼ばれ，この重み指数は軌道の重み指数と呼ばれる．軌道 F の重み指数を $I(F)$ と書く．同じ重みを持つ配置が同一の軌道に属するとは限らないということを注意しておこう．

重み指数 k を持つ E^A-軌道の個数を $\mathfrak{F}_k$ とし，これを x^k の係数とする級数

$$\mathfrak{F}(x) = \sum_{k=0}^{\infty} \mathfrak{F}_k x^k \qquad (4.5.6)$$

を定義する．この級数を R^D の E^A による配置数え上げ級数 (configulation counting series) と呼ぶ．

$$\mathfrak{F}(1) = \sum_{k=0}^{\infty} \mathfrak{F}_k \qquad (4.5.7)$$

は E^A-軌道の総数である.

軌道の重みの和について次の定理がある. これは, 重みつき Cauchy-Frobenius の補題と呼ばれるものである.

定理 4.5.1. （重みつき Cauchy-Frobenius の補題）
D 上の置換群 A に対し, $F_1, F_2, \ldots, F_t$ を E^A-軌道のすべてとする. ここで, $t = N(E^A)$ である. 軌道 F_i $(i = 1, 2, \ldots, t)$ の重みを $w(F_i)$ と書くと

$$\sum_{i=1}^{t} w(F_i) = \frac{1}{|A|} \sum_{\alpha \in A} \sum_{\substack{g=(\alpha;\iota)g \\ g \in R^D}} w(g) \tag{4.5.8}$$

が成り立つ.

この定理は, 定理 4.3.2 の証明に沿って証明することができるので, 証明を割愛する. 任意の $g \in R^D$ に対し, $w(g) = 1$ ならば, (4.5.8) の左辺は $t = N(E^A)$, 右辺の 2 番目の和は

$$\sum_{\substack{g=(\alpha;\iota)g \\ g \in R^D}} w(g) = j_1((\alpha;\iota))$$

となり, (4.4.3) の $\sum_{\alpha \in A}$ の中を $j_1((\alpha, \iota))$ に置き換えたものに帰着される.

4.6 巡回指数

あらゆる置換群は多項式に関連づけられ, それは非標識グラフの数え上げに向けて大きな資材となる. A を $X = \{1, 2, \ldots, n\}$ 上の置換群とする. $s_1, s_2, \ldots, s_n$ を形式的な変数とし, A の各元 α に単項式 $s_1^{j_1(\alpha)} s_2^{j_2(\alpha)} \cdots s_n^{j_n(\alpha)}$ を対応させる. A のすべての元についての単項式の和を $|A|$ で割ったもの, すなわち

$$Z(A) = \frac{1}{|A|} \sum_{\alpha \in A} \prod_{k=1}^{n} s_k^{j_k(\alpha)} \tag{4.6.1}$$

を置換群 A の巡回指数 (cycle index, cycle indicator) と呼ぶ. Pólya [23] と Redfield [26] は独立に巡回指数を編み出した. Redfield は Pólya に先駆けて 10 年はやく巡回指数を編み出し, 巡回指数を group-reduction function

と呼んだ．$Z(A)$ の変数を明確にする必要があるときには，$Z(A; s_k)$ または $Z(A; s_1, s_2, \ldots)$ と書く．

例 4.6.1. $A = \mathfrak{S}_3 = \{(1)(2)(3), (1)(23), (2)(13), (3)(12), (123), (132)\}$ を考える．置換 $(1)(2)(3)$ の型は 1^3 であるから，単項式 s_1^3 が対応する．3つの置換 $(1)(23), (2)(13), (3)(12)$ のいずれの型も $1^1 2^1$ であるから，これらの置換はまとめて単項式 $3s_1 s_2$ が対応する．2つの置換 $(123), (132)$ はともに型 3^1 を持つから，これらの置換はまとめて単項式 $2s_3$ が対応する．したがって，$\mathfrak{S}_3$ の巡回指数は

$$Z(\mathfrak{S}_3) = \frac{1}{3!}(s_1^3 + 3s_1 s_2 + 2s_3)$$

である．

以下において，いくつかの置換群の巡回指数を見ていこう．

1) n 次対称群 $\mathfrak{S}_n$ の各共役類の元の個数に関する公式は定理 4.4.4 で見られるから，$\mathfrak{S}_n$ の巡回指数は

$$Z(\mathfrak{S}_n) = \frac{1}{n!} \sum_{(j_1, \ldots, j_n) \in \mathfrak{J}_n} h(\mathfrak{S}_n : (j)) s_1^{j_1} s_2^{j_2} \cdots s_n^{j_n} \qquad (4.6.2)$$

で与えられる．$0 \leqq n \leqq 10$ に対し，$Z(\mathfrak{S}_n)$ の巡回指数表を付録 D.1 に与える．

2) n 次交代群 $\mathfrak{A}_n$ とは，n 次の対称群 $\mathfrak{S}_n$ の元のうち偶置換のみを集めた群のことをいう．$\mathfrak{A}_n$ の巡回指数は，$\mathfrak{S}_n$ の巡回指数を用いて，

$$Z(\mathfrak{A}_n) = Z(\mathfrak{S}_n) + Z(\mathfrak{S}_n; s_1, -s_2, s_3, -s_4, \ldots) \qquad (4.6.3)$$

で与えられる．$2 \leqq n \leqq 10$ に対し，$Z(\mathfrak{A}_n)$ の巡回指数表を付録 D.2 に与える．

3) 対称群の巡回指数は次の漸化式を満たす．

$$Z(\mathfrak{S}_n) = \frac{1}{n} \sum_{k=1}^{n} s_k Z(\mathfrak{S}_{n-k}). \qquad (4.6.4)$$

ここで，$Z(\mathfrak{S}_0) = 1$ と定める．読者は，たとえば [29] の p.70 を参照するとよい．

4) 次の無限和が知られている.

$$\sum_{n=0}^{\infty} Z(\mathfrak{S}_n) = \exp\left[\sum_{k=1}^{\infty} \frac{s_k}{k}\right]. \tag{4.6.5}$$

ここで, $Z(\mathfrak{S}_0) = 1$ と定める. 読者は, たとえば [29] の p.68 を参照するとよい.

5) n 次巡回群 $\mathcal{C}_n$ は巡回置換 $(1\ 2\ 3\ \cdots\ n)$ で生成される. Redfield [26] は $Z(\mathcal{C}_n)$ に対する次の公式をオイラー関数を用いて与えた. オイラー関数 $\varphi(k)$ は正整数 k の上で定義された関数で, 次のように定められる.

$$\varphi(k) = \begin{cases} k \text{ より小さく } k \text{ と互いに素な正整数の個数} & (k \geqq 2 \text{ のとき}) \\ 1 & (k = 1 \text{ のとき}). \end{cases}$$

たとえば, $\varphi(2) = 1, \varphi(3) = 2, \varphi(4) = 2, \varphi(7) = 6, \varphi(8) = 4$ である. 巡回群 $\mathcal{C}_n$ の巡回指数は

$$Z(\mathcal{C}_n) = \frac{1}{n} \sum_{k|n} \varphi(k) s_k^{n/k} \tag{4.6.6}$$

で与えられる. $1 \leqq n \leqq 10$ に対し, $Z(\mathcal{C}_n)$ の巡回指数表を付録 D.3 に与える.

6) n 次の二面体群 $\mathcal{D}_n$ は巡回置換 $(1\ 2\ 3\ \cdots\ n)$ と置換 $(1\ n)(2\ n-1)(3\ n-2)\cdots$ により生成される群である. $\mathcal{D}_n$ の巡回指数は $Z(\mathcal{C}_n)$ に基づき表され次に示すものである.

$$Z(\mathcal{D}_n) = \frac{1}{2} Z(\mathcal{C}_n) + \begin{cases} \frac{1}{2} s_1 s_2^{(n-1)/2} & (n \text{ が奇数のとき}) \\ \frac{1}{4}\left(s_2^{n/2} + s_1^2 s_2^{(n-2)/2}\right) & (n \text{ が偶数のとき}). \end{cases} \tag{4.6.7}$$

$1 \leqq n \leqq 10$ に対し, $Z(\mathcal{D}_n)$ の巡回指数表を付録 D.4 に与える.

7) 対群 $\mathcal{P}_n$ に属する置換 α' の型 $(j'_1, j'_2, \ldots, j'_\mu)$ $(\mu = \binom{n}{2})$ が (4.4.7) と (4.4.8) で与えられている. したがって, $\mathcal{P}_n$ の巡回指数は次の式で与えられる.

$$Z(\mathcal{P}_n) = \frac{1}{n!} \sum_{(j_1,\ldots,j_n) \in \mathfrak{J}_n} h((j); \mathfrak{S}_n) \prod_{k=0}^{[\frac{n-1}{2}]} s_{2k+1}^{kj_{2k+1}} \prod_{k=1}^{[\frac{n}{2}]} (s_k s_{2k}^{k-1})^{j_{2k}} \prod_{k=1}^{n} s_k^{k\binom{j_k}{2}} \prod_{r<t} s_{\ell(r,t)}^{d(r,t)j_r j_t}. \tag{4.6.8}$$

ここで，$[a]$ は実数 a を越えない最大の整数を表す．$2 \leqq n \leqq 10$ に対し，$Z(\mathcal{P}_n)$ の巡回指数表を付録 D.5 に与える．

8) $\mathfrak{S}_X$ を m 個の元の集合 X 上の対称群，$\mathfrak{S}_Y$ を n 個の元の集合 Y 上の対称群とする．$\alpha \in \mathfrak{S}_X$，$\beta \in \mathfrak{S}_Y$ に対し，$X \times Y$ から $X \times Y$ への写像 (α, β) を

$$(\alpha, \beta)(x, y) = (\alpha x, \beta y) \qquad (x, y) \in X \times Y$$

により定めると，(α, β) は $X \times Y$ 上の置換であり，$\mathfrak{S}_X \times \mathfrak{S}_Y = \{(\alpha, \beta) \,|\, \alpha \in \mathfrak{S}_X, \beta \in \mathfrak{S}_Y\}$ は $X \times Y$ 上の置換群である．$|X| = m$，$|Y| = n$ としての $\mathfrak{S}_m \times \mathfrak{S}_n$ の巡回指数は

$$Z(\mathfrak{S}_m \times \mathfrak{S}_n) = \frac{1}{m!n!} \sum_{(\alpha,\beta)} \prod_{r=1}^{m} \prod_{t=1}^{n} s_{l(r,t)}^{d(r,t)j_r(\alpha)j_t(\beta)} \qquad (4.6.9)$$

と書ける．$2 \leqq m < n \leqq 6$ に対し，$Z(\mathfrak{S}_m \times \mathfrak{S}_n)$ の巡回指数表を付録 D.6.1 に与える．また，$1 \leqq n \leqq 6$ に対し，$Z(\mathfrak{S}_n \times \mathfrak{S}_n)$ の巡回指数表を付録 D.6.2 に与える．

9) $P = \{p_1, p_2\}$，$Q = \{q_1, q_2, \ldots, q_n\}$ とおく．$\mathfrak{S}_2$ を P 上の対称群，$\mathfrak{S}_n$ を Q 上の対称群とする．$\alpha \in \mathfrak{S}_2$，および $\mathfrak{S}_n$ に属する 2 つの置換の対 β_1, β_2 に対し，$P \times Q$ 上の置換（$[\alpha; \beta_1, \beta_2]$ と書く）を

$$[\alpha; \beta_1, \beta_2](p_i, q_j) = (\alpha p_i, \beta_i q_j) \qquad (p_i, q_j) \in P \times Q \qquad (4.6.10)$$

により定める．置換群 $\{[\alpha; \beta_1, \beta_2] \,|\, \alpha \in \mathfrak{S}_2, \beta_1, \beta_2 \in \mathfrak{S}_n\}$ を $\mathfrak{S}_2$ の $\mathfrak{S}_n$ との合成群 (composition)，または $\mathfrak{S}_2$ の $\mathfrak{S}_n$ とのレス積 (wreath product) といい，$\mathfrak{S}_2[\mathfrak{S}_n]$（これは Pólya [23] の記号である）と書く．$\mathfrak{S}_2[\mathfrak{S}_n]$ は次数 $2n$，位数 $2 \cdot (n!)^2$ を持つ．合成群 $\mathfrak{S}_2[\mathfrak{S}_n]$ の巡回指数は Pólya [23] により与えられた．

$$Z(\mathfrak{S}_2[\mathfrak{S}_n]) = \frac{1}{2}[(Z(\mathfrak{S}_n))^2 + Z(\mathfrak{S}_n(2))]. \qquad (4.6.11)$$

そこで，

$$Z(\mathfrak{S}_n(2)) = \frac{1}{n!} \sum_{(j_1, \ldots, j_n) \in \mathfrak{J}_n} h(\mathfrak{S}_n : (j)) s_2^{j_1} s_4^{j_2} \cdots s_{2k}^{j_k} \cdots s_{2n}^{j_n} \qquad (4.6.12)$$

である．$2 \leqq n \leqq 6$ に対し，$Z(\mathfrak{S}_2[\mathfrak{S}_n])$ の巡回指数表を付録 D.7 に与える．

10) $x_j = (p_1, q_j)$，$y_j = (p_2, q_j)$ $(j = 1, 2, \ldots, n)$ とおき，集合 $\chi = \{\{x_i, y_j\}$

$|i,j=1,2,\ldots,n\}$ を定める. 集合 $P=\{p_1,p_2\}, Q=\{q_1,q_2,\ldots,q_n\}$ を考え, $\mathfrak{S}_2$ を P 上の対称群, $\mathfrak{S}_n$ を Q 上の対称群とする. 合成群 $\mathfrak{S}_2[\mathfrak{S}_n]$ の各元に対し, χ 上の置換を

$$[\alpha;\beta_1,\beta_2]'\{x_i,y_j\}=\{[\alpha;\beta_1,\beta_2]x_i,[\alpha;\beta_1,\beta_2]y_j\} \quad (4.6.13)$$

により定める. 集合 $\{[\alpha;\beta_1,\beta_2]' \,|\, [\alpha;\beta_1,\beta_2]\in\mathfrak{S}_2[\mathfrak{S}_n]\}$ は χ 上の置換群をなし, $(\mathfrak{S}_2[\mathfrak{S}_n])'$ と書く. $(\mathfrak{S}_2[\mathfrak{S}_n])'$ の巡回指数を考える. $Z((\mathfrak{S}_2[\mathfrak{S}_n])')$ は主に 2 つの項からなり, その 1 つは, (4.6.11) の右辺の第 1 項に対応するもので, $Z(\mathfrak{S}_n\times\mathfrak{S}_n)$ である. もう 1 つは, (4.6.11) の右辺の第 2 項に対応するものであり, 次の式で与えられる.

$$Z'_n = \frac{1}{n!}\sum_{(j_1,\ldots,j_n)\in\mathfrak{J}_n} h(\mathfrak{S}_n:(j))\prod_{k:\text{奇数}} s_k^{j_k} \prod_k s_{2k}^{k\binom{j_k}{2}+[k/2]j_k} \prod_{r<t} s_{2l(r,t)}^{d(r,t)j_r j_t}. \quad (4.6.14)$$

結局, $(\mathfrak{S}_2[\mathfrak{S}_n])'$ の巡回指数は

$$Z((\mathfrak{S}_2[\mathfrak{S}_n])') = \frac{1}{2}\left(Z(\mathfrak{S}_n\times\mathfrak{S}_n)+Z'_n\right) \quad (4.6.15)$$

となる. 巡回指数 $Z((\mathfrak{S}_2[\mathfrak{S}_n])')$ の導出の詳細は [11] を参照するとよい. $1\leqq n\leqq 6$ に対し, $Z((\mathfrak{S}_2[\mathfrak{S}_n])')$ の巡回指数表を付録 D.8 に与える.

4.7 数え上げの基本定理

4.7.1 Pólya の定理

本項では, 最初に 1 つの属性を重みづけに用いての数え上げの考察 (重みが 1 変数の場合) を行い, そのあと属性が 2 つの場合の数え上げの考察 (重みが 2 変数の場合) を行う.

4.7.1.1 1 変数の場合

指定された重みを持つ軌道の個数を係数にする配置数え上げ級数 (4.5.6) の書き下しを巡回指数により可能にしたのが Pólya [23] である. 置換群 A の巡回指数 $Z(A)$ における変数 s_k に $\mathfrak{f}(x^k)$ (図形数え上げ級数 $\mathfrak{f}(x)$ における x を x^k で置き換えたもの) を代入した式 $Z(A;\mathfrak{f}(x),\mathfrak{f}(x^2),\mathfrak{f}(x^3),\ldots)$ を $Z(A,\mathfrak{f}(x))$ と略記する.

定理 4.7.1. （Pólya の定理）

重み指数 k を持つ E^A-軌道の個数 $\mathfrak{F}_k$ を x^k の係数とする配置数え上げ級数 $\mathfrak{F}(x)$ は

$$\mathfrak{F}(x) = Z(A, \mathfrak{f}(x)) \tag{4.7.1}$$

で与えられる．

証明．重み指数 k を持つ元 $g \in R^D$ の集合 $(R^D)_k = \{g \in R^D | I(g) = k\}$ は $N_{(R^D)_k}(E^A)$ 個の E^A-軌道の和集合で表され，$N_{(R^D)_k}(E^A)$ は $\mathfrak{F}_k$ そのもの，すなわち

$$\mathfrak{F}_k = N_{(R^D)_k}(E^A) \tag{4.7.2}$$

である．$A \times \Omega_x$ の各元 (α, x^k) に対し，$(\alpha; \iota)$ により固定され重み指数 k を持つ元 $g \in R^D$ の集合を $F(\alpha, k)$ とする．すなわち

$$F(\alpha, k) = \{g \in (R^D)_k | (\alpha; \iota)g = g\}. \tag{4.7.3}$$

このとき，

$$j_1\big((\alpha;\iota)|(R^D)_k\big) = |F(\alpha,k)| \qquad (\alpha, x^k) \in A \times \Omega_x \tag{4.7.4}$$

である．(4.7.2) と (4.7.4) を定理 4.3.3 に適用して

$$\mathfrak{F}_k = \frac{1}{|A|} \sum_{\alpha \in A} |F(\alpha, k)| \qquad (k = 0, 1, 2, \ldots)$$

が得られる．したがって，配置数え上げ級数は

$$\mathfrak{F}(x) = \sum_{k=0}^{\infty} \frac{1}{|A|} \sum_{\alpha \in A} |F(\alpha, k)| x^k = \frac{1}{|A|} \sum_{\alpha \in A} \sum_{k=0}^{\infty} |F(\alpha, k)| x^k \tag{4.7.5}$$

となる．$F(\alpha, k)$ に属する任意の写像 g を考える．g は $(\alpha; \iota)$ の固定元であるから，$\mathrm{dec}(\alpha) = \{z_1, z_2, \ldots, z_\nu\}$ における各 z_i に対し，補題 4.4.1 により，$w(g(z_i))$ は一定の値 x^{k_i} を持つ．したがって，(4.5.5) により関係式

$$\sum_{i=1}^{\nu} k_i L(z_i) = k \tag{4.7.6}$$

が成り立つ．ここで，$L(z_i)$ は z_i の長さである．関係式 (4.7.6) を満たす非負整数の組 $(k_1, k_2, \ldots, k_\nu)$ について

$$p(\alpha; k_1, k_2, \ldots, k_\nu) = \#\{g \in F(\alpha, k) \mid w(g(z_i)) = x^{k_i},\ i = 1, 2, \ldots, \nu\}$$

を考える．各 $i = 1, 2, \ldots, \nu$ に対し，$w(g(z_i)) = x^{k_i}$ を満たす $g \in F(\alpha, k)$ について，$g(z_i)$ は $\mathfrak{f}_{k_i} = |w^{-1}(x^{k_i})|$ 通りの値を持つから，$p(\alpha; k_1, \ldots, k_\nu)$ は図形数え上げ級数の各項の係数を用いて次のように書ける．

$$p(\alpha; k_1, \ldots, k_\nu) = \mathfrak{f}_{k_1} \mathfrak{f}_{k_2} \cdots \mathfrak{f}_{k_\nu}.$$

さらに，$F(\alpha, k)$ に属する元の個数は

$$|F(\alpha, k)| = \sum_{(k_1, \ldots, k_\nu)} p(\alpha; k_1, \ldots, k_\nu)$$

と書ける．ここで $\sum_{(k_1, \ldots, k_\nu)}$ は (4.7.6) を満たす非負整数の組 $(k_1, \ldots, k_\nu)$ についての和を表す．それゆえ，(4.7.5) の最も右の辺の 2 番目の $\sum$ は

$$\begin{aligned}
\sum_{k=0}^{\infty} |F(\alpha, k)| x^k &= \sum_{k=0}^{\infty} \sum_{(k_1, \ldots, k_\nu)} p(\alpha; k_1, \ldots, k_\nu) x^k \\
&= \sum_{k=0}^{\infty} \sum_{(k_1, \ldots, k_\nu)} \mathfrak{f}_{k_1} x^{k_1 L(z_1)} \mathfrak{f}_{k_2} x^{k_2 L(z_2)} \cdots \mathfrak{f}_{k_\nu} x^{k_\nu L(z_\nu)} \\
&= \prod_{i=1}^{\nu} \left(\sum_{k_i=0}^{\infty} \mathfrak{f}_{k_i} x^{k_i L(z_i)} \right) \\
&= \prod_{i=1}^{\nu} \mathfrak{f}(x^{L(z_i)})
\end{aligned}$$

となる．この式を置換 α の型 $(j_1(\alpha), j_2(\alpha), \ldots, j_n(\alpha))$（ここで，$n = |D|$ である）を用いて記述すると

$$\sum_{k=0}^{\infty} |F(\alpha, k)| x^k = \prod_{r=1}^{n} (\mathfrak{f}(x^r))^{j_r(\alpha)}$$

と書け，結局 (4.7.5) は

$$\mathfrak{F}(x) = \frac{1}{|A|} \sum_{\alpha \in A} \prod_{r=1}^{p} (\mathfrak{f}(x^r))^{j_r(\alpha)} = Z(A, \mathfrak{f}(x))$$

となり，等式 (4.7.1) が得られる． ∎

82   第 4 章 非標識グラフの数え上げ

(4.5.4) を Pólya の定理 4.7.1 に適用して次の系が得られる．

系 4.7.2. E^A-軌道の総数 $\mathfrak{F}(1)$ は

$$\mathfrak{F}(1) = Z(A; |R|, |R|, \ldots) \tag{4.7.7}$$

である．

この式の右辺は (4.4.3) の右辺そのものである．

例 4.7.1. Pólya の定理 4.7.1 の応用を一例あげておく．図 4.1 に示した点集合 $V = \{1, 2, \ldots, 10\}$ 上標識グラフ g_V に対し，g_V の互いに非相似な標識全域部分グラフの数え上げを考察しよう．$R = \{0, 1\}$，$D = \binom{V}{2}$ をとる．このとき，g_V の標識全域部分グラフを表す写像 $h \in R^D$ は，任意の $\{i, j\} \in D$ に対し，不等式 $h(\{i, j\}) \leqq g_V(\{i, j\})$ を満たす．図 4.2 は，g_V の標識全域部分グラフの一例で，10 個の点を含め，実線で示した辺により構成されたものである．R の元それぞれの重みを $w(0) = 1, w(1) = x$ と定める．図 4.2 における実線で示した辺は重み "x" に，点線は重み "1" に対応するものである．図形数え上げ級数は

$$\mathfrak{f}(x) = 1 + x$$

である．g_V の標識全域部分グラフ $h \in R^D$ の重み指数は h の大きさである．定理 4.7.1 において，$A = \Gamma_1(g_V)$ をとる．$\Gamma_1(g_V)$ の巡回指数は

$$Z(\Gamma_1(g_V)) = \frac{1}{16}(s_1^{12} + 3s_1^{10}s_2^1 + 3s_1^8 s_2^2 + 3s_1^6 s_2^3 + 2s_1^4 s_2^4 + 2s_1^6 s_2^1 s_4^1 + 2s_1^4 s_2^2 s_4^1)$$

と書ける．配置数え上げ級数 $Z(\Gamma_1(g_V), \mathfrak{f}(x))$ は $E^{\Gamma_1(g_V)}$-軌道を数え上げている．この軌道のおのおのは g_V の標識全域部分グラフのうちの 1 つに対応する．同じ軌道に属する g_V の標識全域部分グラフのどの 2 つも相似であり，異なった軌道に属する g_V のそれらは非相似である．$Z(\Gamma_1(g_V))$ の s_k に $\mathfrak{f}(x^k) = 1 + x^k$ を代入して

$$Z(\Gamma_1(g_V), 1 + x)) = x^{12} + 7x^{11} + 26x^{10} + 66x^9 + 124x^8 + 179x^7 + 202x^6$$
$$+ 179x^5 + 124x^4 + 66x^3 + 26x^2 + 7x + 1$$

が得られる．$Z(\Gamma_1(g_V), 1 + x))$ における x^q の係数は，q 個の辺を持つ g_V の互いに非相似な標識全域部分グラフの個数である．$q = 1$ の場合，g_V の互いに非相似な標識全域部分グラフは 7 通りあり，図 4.3 はそれらを示している．

4.7 数え上げの基本定理 83

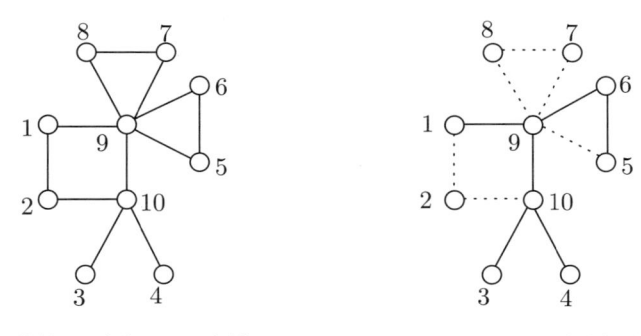

図 4.1 位数 10, 大きさ 12 の標識グラフ **図 4.2** 図 4.1 の標識全域部分グラフ

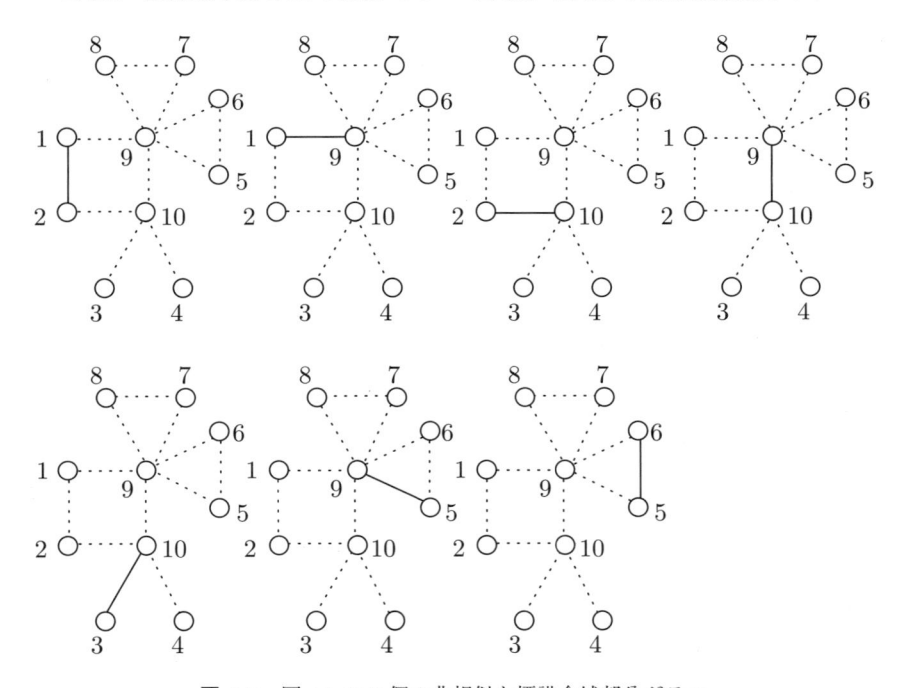

図 4.3 図 4.1 の 7 個の非相似な標識全域部分グラフ

4.7.1.2 2 変数の場合

定理 4.7.1 を 1 変数数え上げ定理と呼ぶならば，ここでは定理 4.7.1 を少し拡げて 2 変数数え上げ定理を考察しよう．この考察は定理 4.7.1 を導く道筋とほとんど同じである．これまでのように，E^A は R^D 上のべき群であり，

$w: R \to \Omega_{xy} = \{x^k y^\ell | k, \ell = 0, 1, 2, \ldots\}$ は重み関数で,$x^k y^\ell (\in \Omega_{xy})$ は重みであり,(k, ℓ) は重み指数である.各 $x^k y^\ell \in \Omega_{xy}$ に対し,$|w^{-1}(x^k y^\ell)| < \infty$ とする.R^D における写像 g の重みは (4.5.5) と同じように定義され,E^A-軌道の重みも同様に定義される.図形数え上げ級数の定義に従って,$\mathfrak{f}(x, y)$ は $|w^{-1}(x^k y^\ell)|$ を $x^k y^\ell$ の係数として持つ.また,配置数え上げ級数 $\mathfrak{F}(x, y)$ は重み $x^k y^\ell$ の E^A-軌道の個数を $x^k y^\ell$ の係数として持つ.置換群 A の巡回指数 $Z(A; s_1, s_2, s_3, \ldots)$ の各変数 s_k を $\mathfrak{f}(x^k, y^k)$ で置き換えた式 $Z(A; \mathfrak{f}(x, y), \mathfrak{f}(x^2, y^2), \mathfrak{f}(x^3, y^3), \ldots)$ を $Z(A, \mathfrak{f}(x, y))$ と略記する.定理 4.7.1 を 2 変数の場合に拡張した次の定理を持つ.

定理 4.7.3. 重み $x^k y^\ell$ を持つ E^A-軌道の個数 $\mathfrak{F}_{k\ell}$ を $x^k y^\ell$ の係数とする配置数え上げ級数 $\mathfrak{F}(x, y)$ は

$$\mathfrak{F}(x, y) = Z(A, \mathfrak{f}(x, y)) \tag{4.7.8}$$

で与えられる.

例 4.7.2. 赤と青と黄の合計 4 個のビーズのついたネックレスを考えよう.この問題では,ビーズの置かれる位置の集合 $D = \{1, 2, 3, 4\}$ から赤 (r),青 (b),黄 (y) の色の集合 $R = \{r, b, y\}$ への写像 g がネックレスを 1 つ決めることになる.このネックレスにおいて,$|g^{-1}(r)|$ は赤のビーズの個数,$|g^{-1}(b)|$ は青のビーズの個数,$|g^{-1}(y)|$ は黄のビーズの個数である.R の各元の重みとして,$w(r) = x^0 y^0 = 1$, $w(b) = x, w(y) = y$ をとると,$g \in R^D$ の重みは

$$w(g) = \prod_{d \in D} w(g(d)) \tag{4.7.9}$$

であり,g の重み指数を (k, ℓ) と書くと,k は g が表すネックレスの青色ビーズの個数,ℓ は黄色ビーズの個数である.赤色ビーズの個数はもちろん $4 - k - \ell$ である.D 上の置換群 A として二面体群 $\mathcal{D}_4$ をとる.図形数え上げ級数 $\mathfrak{f}(x, y)$ は定義に従って $\mathfrak{f}(x, y) = 1 + x + y$ である.それゆえ,定理 4.7.3 によって,ネックレスに関する配置数え上げ級数は

$$\mathfrak{F}(x, y) = Z(\mathcal{D}_4, 1 + x + y) \tag{4.7.10}$$

である．$\mathcal{D}_4$ の巡回指数 (4.6.7) により，または付録 D.4 により

$$\mathfrak{F}(x,y) = 1 + x + 2x^2 + x^3 + x^4 + y + 2xy + 2x^2y + x^3y + 2y^2 + 2xy^2$$
$$+ 2x^2y^2 + y^3 + xy^3 + y^4 \qquad (4.7.11)$$

となる．x^2 の係数が 2 であるから，重み指数が $(2,0)$，つまり 2 個の赤色ビーズと 2 個の青色ビーズをつけたネックレスが 2 種類ある．また xy^2 の係数が 2 であるから，重み指数が $(1,2)$，つまり 1 個の赤色ビーズと 1 個の青色ビーズと 2 個の黄色ビーズをつけたネックレスが 2 種類あることがわかり，それらを図 4.4 に図示した．r,b,y はそれぞれ各ビーズへ配色した赤色，青色，黄色を指している．また，$\mathfrak{F}(1,1) = 21$ であるから，考えられるネックレスは 21 種類あることが観察できる．

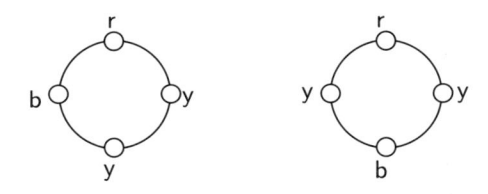

図 **4.4** ネックレス

4.7.2 　 1:1 写像

1:1 写像を数え上げるのに有効な Pólya [23] による定理を以下で提示しよう．この定理は木の数え上げ，互いに同型でない連結グラフを連結成分とするグラフの数え上げなどに使われる．D を s 個の元の集合，$\mathfrak{S}_s$ および $\mathfrak{A}_s$ をそれぞれ D 上の対称群および交代群とする．$\mathfrak{f}(x)$ は重みによって集合 R の元を数え上げる図形数え上げ級数である．

定理 4.7.4. D から R への 1:1 写像に対する配置数え上げ級数は

$$Z\big(\mathfrak{A}_s, \mathfrak{f}(x)\big) - Z\big(\mathfrak{S}_s, \mathfrak{f}(x)\big) \qquad (4.7.12)$$

で与えられる．

証明． $Z(\mathfrak{S}_s, \mathfrak{f}(x))$ は $E^{\mathfrak{S}_s}$-軌道を数え上げる配置数え上げ級数であるということをまず思い出そう（Pólya の定理 4.7.1）．この中で，$E^{\mathfrak{S}_s}$-軌道 F に対し，

F の元 g が $1:1$ ならば，F に属するすべての写像も $1:1$ 写像であるということに注意しよう．証明には次の 2 つを示せば十分である．

(a) F が $1:1$ 写像を含む $E^{\mathfrak{S}_s}$-軌道ならば，F は 2 つの $E^{\mathfrak{A}_s}$-軌道に分割される．

(b) F が $1:1$ 写像を含まない $E^{\mathfrak{S}_s}$-軌道ならば，F は $E^{\mathfrak{A}_s}$-軌道でもある．

まず，(a) を示す．F を $1:1$ 写像を含む $E^{\mathfrak{S}_s}$-軌道とする．F の各元は D を R の部分集合と考えたときの D から D への $1:1$ 写像と見なされる．この $1:1$ 写像は D 上の置換と見なされ，それらは偶置換と奇置換に類別される．したがって，$E_s^{\mathfrak{A}_s}$（E_s は D 上の s 次単位群）によって決定されるこれらの置換からなる軌道はちょうど 2 個である．すなわち，1 つは偶置換からなる軌道で，もう 1 つは奇置換からなる軌道である．それゆえ，F は偶置換を含む $E^{\mathfrak{A}_s}$-軌道と奇置換を含む $E^{\mathfrak{A}_s}$-軌道の 2 つに分割される．よって，(a) が成り立つ．

次に (b) を示す．F は $1:1$ 写像を含まない $E^{\mathfrak{S}_s}$-軌道とし，$f, g \in F$ を考える．このとき，f と g は同じ軌道 F に属するから，任意の $d \in D$ に対し，$f(d) = g(\alpha d)$ を満たす $\alpha \in \mathfrak{S}_s$ が存在する．f と g が $E^{\mathfrak{A}_s}$ によって決定される同じ軌道内にあることを示せばよい．α が偶置換ならば，すなわち $\alpha \in \mathfrak{A}_s$ ならば，f と g が $E^{\mathfrak{A}_s}$ によって決定される同じ軌道内にあることがわかる．他方，α が奇置換であるとする．f は $1:1$ 写像でないことから，D 内に $d_1 \neq d_2$ であり，$f(d_1) = f(d_2)$ を満たす d_1, d_2 が存在する．ここで，d_1 と d_2 を交換し，D の他のすべての元を固定元とする奇置換 β を考える．このとき，α は奇置換であるから，$\alpha\beta$ は偶置換である．任意の $d \in D$ に対し，$f(d) = g(\alpha d)$ であるから，

$$f(d) = g((\alpha\beta)d) \qquad \forall d \in D$$

が成り立つ．したがって，f と g が $E^{\mathfrak{A}_s}$ によって決定される同じ軌道に属することがわかる．それゆえ，F は $E^{\mathfrak{A}_s}$-軌道でもあることがわかる．よって，(b) が成り立つ． ∎

4.8 グラフの数え上げ

系 4.4.3 を用いて位数 n の非標識グラフの個数を知ることができる．本節では，位数 n, 大きさ q の非標識グラフがいくつあるかを考察する．例 4.7.1 は与えられた標識グラフの中で互いに相似でない標識全域部分グラフの個数を求めている．与えられた標識グラフとして，ここでは位数 n の標識完全グラフ K_n を考える．K_n の互いに相似でない標識全域部分グラフは位数 n の互いに同型でない標識グラフと言い換えることができる．そこで，位数 n の非標識グラフの数え上げは K_n における互いに相似でない標識全域部分グラフの数え上げを考えれば十分である．

定理 4.2.2 において，$\Gamma_1(K_n) = \mathcal{P}_n$ を見た．Pólya の定理 4.7.1 において，$A = \Gamma_1(K_n) = \mathcal{P}_n$ をとる．R の元それぞれの重みを $w(0) = 1, w(1) = x$ と定めると，図形数え上げ級数は

$$\mathfrak{f}(x) = 1 + x$$

である．(4.6.8) で与えられた巡回指数 $Z(\mathcal{P}_n)$ に基づき次の定理を得る（[10] を見よ）．この定理もまた Pólya による．

定理 4.8.1. 位数 n, 大きさ q の非標識グラフの個数 $\mathfrak{g}_{n,q}$ を x^q の係数とする通常型母関数 $\mathfrak{g}_n(x)$ は

$$\mathfrak{g}_n(x) = Z(\mathcal{P}_n, 1 + x) \tag{4.8.1}$$

で与えられる．

$1 \leqq n \leqq 10$ に対して，通常型母関数 $\mathfrak{g}_n(x)$ の係数が表 4.3 に与えられる．Riordan [29, p.146] に，また Harary and Palmer [15, p.240] には $1 \leqq n \leqq 9$ に対して対応する係数を示した表が与えられている．

4.9 連結グラフの数え上げ

4.9.1 位数をパラメータとした場合

標識連結グラフの数え上げは標識グラフの数え上げとの関連で行われた．非標識連結グラフの数え上げも例外なく同じような道を辿っての考察をして

表 4.3 位数 n, 大きさ q の非標識グラフの個数 $\mathfrak{g}_{n,q}$

q \ n	1	2	3	4	5	6	7	8	9	10
0	1	1	1	1	1	1	1	1	1	1
1		1	1	1	1	1	1	1	1	1
2			1	2	2	2	2	2	2	2
3			1	3	4	5	5	5	5	5
4				2	6	9	10	11	11	11
5				1	6	15	21	24	25	26
6				1	6	21	41	56	63	66
7					4	24	65	115	148	165
8					2	24	97	221	345	428
9					1	21	131	402	771	1103
10					1	15	148	663	1637	2769
11						9	148	980	3252	6759
12						5	131	1312	5995	15772
13						2	97	1557	10120	34663
14						1	65	1646	15615	71318
15						1	41	1557	21933	136433
16							21	1312	27987	241577
17							10	980	32403	395166
18							5	663	34040	596191
19							2	402	32403	828728
20							1	221	27987	1061159
21							1	115	21933	1251389
22								56	15615	1358852
23								24	10120	1358852

いこう．非標識グラフに対する通常型母関数

$$\mathfrak{g}(x) = \sum_{n=1}^{\infty} \mathfrak{g}_n x^n \tag{4.9.1}$$

と非標識連結グラフに対する通常型母関数

$$\mathfrak{c}(x) = \sum_{n=1}^{\infty} \mathfrak{c}_n x^n \tag{4.9.2}$$

を考える．ここで，$\mathfrak{g}_n$ は，(4.4.10) で与えられるもので，位数 n の非標識グラフの個数である．また，$\mathfrak{c}_n$ は位数 n の非標識連結グラフの個数である．Riddell [27] はこれら 2 つの通常型母関数を関連づける次の定理を与えた．

定理 4.9.1. 非標識グラフに対する通常型母関数 $\mathfrak{g}(x)$ と非標識連結グラフに

対する通常型母関数 $\mathfrak{c}(x)$ は関係式

$$1 + \mathfrak{g}(x) = \exp\left(\sum_{k=1}^{\infty} \frac{\mathfrak{c}(x^k)}{k}\right) \qquad (4.9.3)$$

により結び付けられる.

証明. $\mathfrak{c}(x)$ を図形数え上げ級数と見ると,配置数え上げ級数 $Z(\mathfrak{S}_s, \mathfrak{c}(x))$ はちょうど s 個の連結成分を持つ非標識グラフをカウントする通常型母関数であると考えられる. $Z(\mathfrak{S}_s, \mathfrak{c}(x))$ における x^n の係数は,ちょうど s 個の連結成分を持つ位数 n の非標識グラフの個数である. 通常型母関数 $Z(\mathfrak{S}_s, \mathfrak{c}(x))$ について $s=0$ から ∞ までの和をとれば,関係式

$$1 + \mathfrak{g}(x) = Z\Bigl(\sum_{s=0}^{\infty} \mathfrak{S}_s, \mathfrak{c}(x)\Bigr) \qquad (4.9.4)$$

が得られる. ただし, $Z(\mathfrak{S}_0, \mathfrak{c}(x)) = 1$ と定める. (4.9.4) に (4.6.5) を適用して, (4.9.3) を得る. ∎

(4.9.3) から位数 n の非標識連結グラフの個数を求めよう. それには, Cadogan [1] によるたいへん効率のよい方法を用いよう. まず,

$$\sum_{n=1}^{\infty} b_n x^n = \log(1 + \mathfrak{g}(x)) \qquad (4.9.5)$$

とおく. このとき,定理 1.2.5 により,

$$1 + \sum_{n=1}^{\infty} \mathfrak{g}_n x^n = \exp\left(\sum_{n=1}^{\infty} b_n x^n\right) \qquad (4.9.6)$$

と書ける. 定理 1.5.1 により

$$b_n = \mathfrak{g}_n - \frac{1}{n} \sum_{k=1}^{n-1} k b_k \mathfrak{g}_{n-k} \qquad (4.9.7)$$

となる. (4.9.3) と (4.9.6) とから,等式

$$\sum_{n=1}^{\infty} b_n x^n = \sum_{k=1}^{\infty} \frac{\mathfrak{c}(x^k)}{k} \qquad (4.9.8)$$

を得る．(4.9.8) の両辺における x^n の係数から

$$nb_n = \sum_{d|n} d\mathfrak{c}_d \tag{4.9.9}$$

が得られる．メービウスの反転公式（定理 1.5.7）を用いて (4.9.9) を反転すると，$\mathfrak{c}_n$ について Cadogan の公式が得られる：

$$\mathfrak{c}_n = \sum_{d|n} \frac{\mu(d)}{d} b_{n/d}. \tag{4.9.10}$$

$n = 1, 2, \ldots, 10$ についての $\mathfrak{c}_n$ の値を以下に示す．

表 **4.4** 位数 n の非標識連結グラフの個数

n	1	2	3	4	5	6	7	8	9	10
$\mathfrak{c}_n$	1	1	2	6	21	112	853	11117	261080	11716571

4.9.2 位数および大きさをパラメータにした場合

Cadogan [1] は，自分の方法を拡張することにより，位数のみでなく大きさもパラメータに含めた非標識連結グラフの数え上げを実行した．非標識グラフに対する通常型母関数

$$\mathfrak{g}(x, y) = \sum \mathfrak{g}_{n,q} x^n y^q \tag{4.9.11}$$

と非標識連結グラフに対する通常型母関数

$$\mathfrak{c}(x, y) = \sum \mathfrak{c}_{n,q} x^n y^q \tag{4.9.12}$$

を考える．ここで，$\mathfrak{g}_{n,q}$ は，(4.8.1) で与えられるもので，位数 n，大きさ q の非標識グラフの個数である．また，$\mathfrak{c}_{n,q}$ は位数 n，大きさ q の非標識連結グラフの個数である．このとき，定理 4.9.1 の導出と同じように，定理 4.7.3 を用いて次に定理を得る．

定理 4.9.2. 非標識グラフに対する通常型母関数 $\mathfrak{g}(x, y)$ と非標識連結グラフに対する通常型母関数 $\mathfrak{c}(x, y)$ は関係式

$$1 + \mathfrak{g}(x, y) = \exp \sum_{k=1}^{\infty} \frac{\mathfrak{c}(x^k, y^k)}{k} \tag{4.9.13}$$

により結び付けられる．

4.9 連結グラフの数え上げ

(4.9.13) から $\mathfrak{c}_{n,q}$ の導きは 4.9.1 項での取り扱いと同じようになされる．正整数 n に対し，次の式を満たす多項式 $b_n(y)$ を考える．

$$\sum_{n=1}^{\infty} b_n(y) x^n = \log(1 + \mathfrak{g}(x, y)) \tag{4.9.14}$$

また，

$$\mathfrak{g}(x, y) = \sum_{n=1}^{\infty} \mathfrak{g}_n(y) x^n \tag{4.9.15}$$

とおく．$\mathfrak{g}_n(y)$ は (4.8.1) により与えられる (x を y に置き換えたもの)．(4.9.14) と (4.9.15) を組み合せ，定理 1.2.5 から

$$1 + \sum_{n=1}^{\infty} \mathfrak{g}_n(y) x^n = \exp\left(\sum_{n=1}^{\infty} b_n(y) x^n\right) \tag{4.9.16}$$

と書ける．定理 1.5.1 により

$$b_n(y) = \mathfrak{g}_n(y) - \frac{1}{n} \sum_{k=1}^{n-1} k b_k(y) \mathfrak{g}_{n-k}(y) \tag{4.9.17}$$

が得られる．また，(4.9.13) と (4.9.16) とから，$b_n(y)$ は

$$\sum_{n=1}^{\infty} b_n(y) x^n = \sum_{k=1}^{\infty} \frac{\mathfrak{c}(x^k, y^k)}{k} \tag{4.9.18}$$

と書ける．

$$b_n(y) = \sum_q b_{n,q} y^q \tag{4.9.19}$$

とおくと，$b_{n,q}$ は (4.9.12) と (4.9.18) とから，

$$b_{n,q} = \sum_{k | d(n,q)} \frac{\mathfrak{c}_{n/k, q/k}}{k} \tag{4.9.20}$$

となる．系 1.5.9 を用いて $\mathfrak{c}_{n,q}$ について Cadogan の公式が得られる：

$$\mathfrak{c}_{n,q} = \sum_{k | d(n,q)} b_{n/k, q/k} \frac{\mu(k)}{k}. \tag{4.9.21}$$

表 4.5 に示した $\mathfrak{c}_{n,q}$ の値は (4.9.21) を用いて Cadogan により求められたものである．

表 4.5 位数 n, 大きさ q の非標識連結グラフの個数

n \ q	0	1	2	3	4	5	6	7	8	9	10	11	12	13
1	1													
2		1												
3			1	1										
4				2	2	1	1							
5					3	5	5	4	2	1	1			
6						6	13	19	22	20	14	9	5	2
7							11	33	67	107	132	138	126	95
8								23	89	236	486	814	1169	1454

4.10 互いに同型でない非標識な連結成分を持つ非標識グラフの数え上げ

グラフの連結成分同士は一般に互いに同型である場合もあれば,いくつかが互いに同型でない場合もある.そこで,連結成分すべてについて互いに同型でない場合の非標識グラフの数え上げを考察しよう.

$D = \{1, 2, 3, \ldots, s\}$ を位置の集合とし,R を互いに同型でない非標識連結グラフすべてからなる集合とする.このとき,D から R への写像 g は,D の各元が示す位置に,s 個の連結成分がそれぞれ付置された非標識グラフである.g が $1:1$ の写像であれば,g は付置された連結成分が互いに同型でない非標識グラフである.定理 4.7.4 における図形数え上げ級数として非標識連結グラフに対する通常型母関数 $\mathfrak{c}(x)$ をとり,次の定理を得る.

定理 4.10.1. 正整数 s, n に対し,連結成分がちょうど s 個あり,しかもそれらの連結成分が互いに同型でない位数 n の非標識グラフの個数を x^n の係数とする通常型母関数は

$$Z(\mathfrak{A}_s, \mathfrak{c}(x)) - Z(\mathfrak{S}_s, \mathfrak{c}(x)) \tag{4.10.1}$$

で与えられる.

$\mathfrak{c}(x)$ の初めの数項は,表 4.4 により

$$\mathfrak{c}(x) = x + x^2 + 2x^3 + 6x^4 + 21x^5 + 112x^6 + \cdots \tag{4.10.2}$$

と書ける．ちょうど 2 個の互いに同型でない非標識な連結成分を持つ非標識グラフに対する通常型母関数の初めの数項は

$$x^3 + 2x^4 + 8x^5 + 28x^6 + 145x^7 + 169x^8 + 350x^9 + 882x^{10} + 2352x^{11} + 6216x^{12}$$

である．たとえば x^5 の係数は 8 であるから，位数 5 の非標識グラフは 8 個あることがわかり，それらを図 4.5 に図示した．

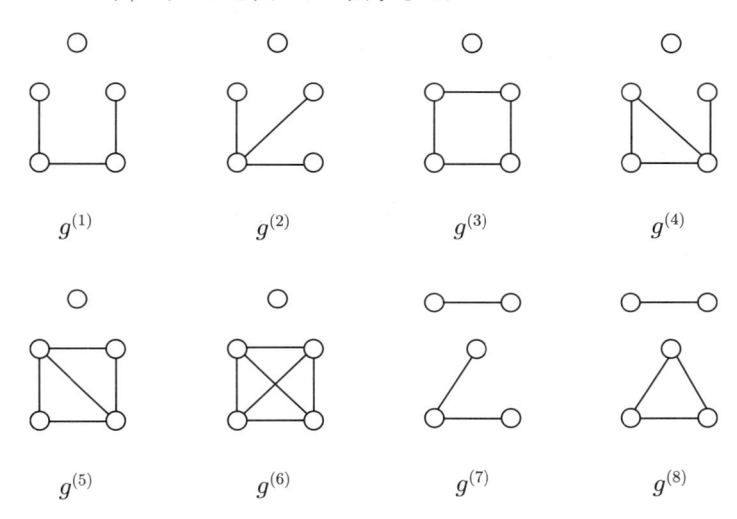

図 4.5　2 つの連結成分を持つ位数 5 の非標識グラフ

また，ちょうど 3 個の互いに同型でない非標識な連結成分を持つ非標識グラフに対する通常型母関数の初めの数項は

$$2x^6 + 7x^7 + 34x^8 + 181x^9 + 413x^{10} + 1283x^{11} + 3618x^{12}$$
$$+ 10647x^{13} + 13860x^{14} + 27874x^{15}$$

である．

4.11　2 部グラフの数え上げ

集合 $X = \{x_1, x_2, \ldots, x_m\}, Y = \{y_1, y_2, \ldots, y_n\}$ に対し，$X \times Y$ の部分集合 E を辺集合とする標識グラフ g は標識 (m, n) 型 2 部グラフと呼ばれる．X

と Y は g の部集合と呼ばれる．g は，部集合を明示するため，(X,Y,E) と書かれる．E として $E = X \times Y$ をとると，$(X,Y,X \times Y)$ は標識 (m,n) 型完全2部グラフといわれ，$K_{m,n}$ で表される．本節で，非標識2部グラフの数え上げを考察する．$\mathfrak{S}_m$ を X 上の対称群，$\mathfrak{S}_n$ を Y 上の対称群とする．考察は $m \neq n$ と $m = n$ の 2 つの場合に分けて取り扱われる．

1) $m \neq n$ のとき．標識 (m,n) 型 2 部グラフ $g = (X,Y,E)$ を考える．$(\alpha,\beta) \in \mathfrak{S}_m \times \mathfrak{S}_n$ に対し，$\{(\alpha x, \beta y)|(x,y) \in E\}$ を $(\alpha,\beta)E$ と書く．このとき，$((\alpha,\beta);\iota)g$ は $(\alpha,\beta)E$ を辺集合にする2部グラフ $(X,Y,(\alpha,\beta)E)$ である．$\Gamma(g) = \{(\alpha,\beta) \in \mathfrak{S}_m \times \mathfrak{S}_n \mid ((\alpha,\beta);\iota)g = g\}$ は g の自己同型群，すなわち g の点-群である．$\Gamma_1(g)$ は $\Gamma(g)$ により g の辺集合 E 上に誘導された辺-群である．

X,Y を部集合に持つ 2 つの標識 (m,n) 型 2 部グラフ g_1 と g_2 について，ある $(\alpha,\beta) \in \mathfrak{S}_m \times \mathfrak{S}_n$ に対し $g_2 = ((\alpha,\beta);\iota)g_1$ が成り立つとき，g_1 と g_2 は $\mathfrak{S}_m \times \mathfrak{S}_n$ のもとで同型といわれる．さて，非標識2部グラフの数え上げに進もう．互いに同型でない標識 (m,n) 型 2 部グラフの数え上げ問題は，$K_{m,n}$ の互いに相似でない標識全域部分グラフの数え上げ問題に同値である（例 4.7.1 参照）．$K_{m,n}$ の辺-群は次の通りである．

$$\Gamma_1(K_{m,n}) = \mathfrak{S}_m \times \mathfrak{S}_n. \tag{4.11.1}$$

また，巡回指数 $Z(\mathfrak{S}_m \times \mathfrak{S}_n)$ は (4.6.9) で与えられる．したがって，Pólya の定理 4.7.1 を用い，Harary [11] による次の定理を得る．

定理 4.11.1. m,n は $m \neq n$ となる正整数とする．このとき，非標識 (m,n) 型 2 部グラフに対する通常型母関数 $\mathfrak{b}_{m,n}(x)$ は

$$\mathfrak{b}_{m,n}(x) = Z(\mathfrak{S}_m \times \mathfrak{S}_n, 1+x) \tag{4.11.2}$$

で与えられる．ここで，x^q の係数は大きさ q の非標識 (m,n) 型 2 部グラフの個数を表す．

たとえば，$\mathfrak{b}_{2,3}(x)$ は

$$\mathfrak{b}_{2,3}(x) = 1 + x + 3x^2 + 3x^3 + 3x^4 + x^5 + x^6$$

である．たとえば x^4 の係数は 3 であるから，大きさ 4 の非標識 $(2,3)$ 型 2 部グラフは 3 個あることがわかり，それらを図 4.6 に図示した．$\mathfrak{b}_{m,n}(1)$ は非標

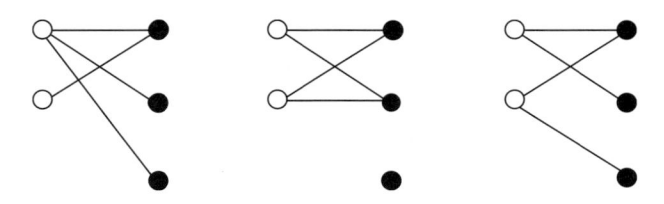

図 4.6 大きさ 4 の非標識 (2,3) 型 2 部グラフ

表 4.6 非標識 (m,n) 型 2 部グラフの個数 $\mathfrak{b}_{m,n}(1)$

(m,n)	(2,3)	(2,4)	(2,5)	(2,6)	(3,4)
$b_{m,n}(1)$	13	22	34	50	87
(m,n)	(3,5)	(3,6)	(4,5)	(4,6)	(5,6)
$b_{m,n}(1)$	190	386	1053	3250	28576

識 (m,n) 型 2 部グラフの個数を与えており,表 4.6 に,$2 \leqq m < n \leqq 6$ に対し,$\mathfrak{b}_{m,n}(1)$ の数値を与えた.

2) $m=n$ のとき.(4.11.2) において,$m=n=2$ を考えると,

$$Z(\mathfrak{S}_2 \times \mathfrak{S}_2, 1+x) = 1 + x + 3x^2 + x^3 + x^4 \tag{4.11.3}$$

となる.この多項式における x^2 の係数は 3 であり,$\mathfrak{S}_2 \times \mathfrak{S}_2$ のもとで互いに同型でない大きさ 2 の非標識 (2,2) 型 2 部グラフは図 4.7 に示した通り 3 個である.しかし,図 4.7 における初めの 2 つは "形" として同じものと見なされるであろう.つまり,白の点と黒の点を交換すると,2 番目の非標識 (2,2) 型 2 部グラフは 1 番目の非標識 (2,2) 型 2 部グラフになる.そこで,部集合 X,Y を持つ標識 (n,n) 型 2 部グラフの数え上げの考察に,X の元と Y の元の置換を含めることにする.$K_{n,n}$ の辺–群は $\mathfrak{S}_n \times \mathfrak{S}_n$ を真部分群として含む.

集合 $Q = \{q_1, q_2, \ldots, q_n\}$ をとり,各 $i=1,2,\ldots,n$ に対し,$x_i = (1,q_i)$

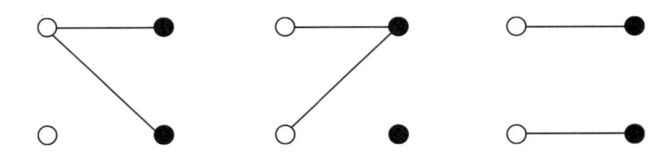

図 4.7 $\mathfrak{S}_2 \times \mathfrak{S}_2$ のもとで同型でない大きさ 2 の非標識 (2,2) 型 2 部グラフ

および $y_i = (2, q_i)$ とおく．標識 (n,n) 型 2 部グラフ (X, Y, E) の 2 点 $x_i = (1, q_i)$ と $y_j = (2, q_j)$ を結ぶ辺は $\{(1, q_i), (2, q_j)\}$ と書かれる．$K_{n,n}$ の辺集合は $\chi = \{\{(1, q_i), (2, q_j)\} \mid i, j = 1, 2, \ldots, n\}$ である．$P = \{1, 2\}$ 上の対称群 $\mathfrak{S}_2 = \left\{\alpha_0 = \begin{pmatrix} 1 & 2 \\ 1 & 2 \end{pmatrix}, \alpha_1 = \begin{pmatrix} 1 & 2 \\ 2 & 1 \end{pmatrix}\right\}$ の Q 上の対称群 $\mathfrak{S}_n$ との合成群 $\mathfrak{S}_2[\mathfrak{S}_n]$ の $X \cup Y$ への作用を (4.6.10) で定めた．P の元 1 と 2 を交換する置換 α_1 を含めた置換 $[\alpha_1; \beta_1, \beta_2] \in \mathfrak{S}_2[\mathfrak{S}_n]$ $(\beta_1, \beta_2 \in \mathfrak{S}_n)$ は X の 1 つの元を Y の 1 つの元に移すものである．標識 (n,n) 型完全 2 部グラフ $K_{n,n}$ の点-群は

$$\Gamma(K_{n,n}) = \mathfrak{S}_2[\mathfrak{S}_n] \tag{4.11.4}$$

である．$[\alpha; \beta_1, \beta_2] \in \mathfrak{S}_2[\mathfrak{S}_n]$ に対し，χ 上の置換 $[\alpha; \beta_1, \beta_2]'$ を (4.6.13) により定めた．$K_{n,n}$ の辺-群は

$$\Gamma_1(K_{n,n}) = (\mathfrak{S}_2[\mathfrak{S}_n])' \tag{4.11.5}$$

である．これは $\mathfrak{S}_n \times \mathfrak{S}_n$ を真部分群として含む．正確には，$\mathfrak{S}_n \times \mathfrak{S}_n$ と同型な（群として）部分群を真に含む．

標識 (n,n) 型 2 部グラフ $g = (X, Y, E)$ を考える．$[\alpha; \beta_1, \beta_2]' \in (\mathfrak{S}_2[\mathfrak{S}_n])'$ に対し，

$$\{[\alpha; \beta_1, \beta_2]'\{(1, q_i), (2, q_j)\} \mid \{(1, q_i), (2, q_j)\} \in E\}$$

を $[\alpha; \beta_1, \beta_2]'E$ と書く．このとき，$([\alpha; \beta_1, \beta_2]'; \iota)g$ は $[\alpha; \beta_1, \beta_2]'E$ を辺集合にする標識 (n,n) 型 2 部グラフ $(X, Y, [\alpha; \beta_1, \beta_2]'E)$ である．$\Gamma(g) = \{[\alpha; \beta_1, \beta_2] \in \mathfrak{S}_2[\mathfrak{S}_n] \mid ([\alpha; \beta_1, \beta_2]'; \iota)g = g\}$ は g の自己同型群である．$\Gamma_1(g)$ は $\Gamma(g)$ により g の辺集合 E 上に誘導された辺-群である．2 つの標識 (n,n) 型 2 部グラフ g_1 と g_2 について，ある $[\alpha_1; \beta_1, \beta_2] \in \mathfrak{S}_2[\mathfrak{S}_n]$ に対し，$g_2 = ([\alpha_1; \beta_1, \beta_2]'; \iota)g_1$ が成り立つとき，g_1 と g_2 は $(\mathfrak{S}_2[\mathfrak{S}_n])'$ のもとで同型といわれる．

さて，非標識 2 部グラフの数え上げに進む．$(\mathfrak{S}_2[\mathfrak{S}_n])'$ の巡回指数は (4.6.15) で与えられる．互いに同型でない標識 (n,n) 型 2 部グラフの数え上げ問題は，$K_{n,n}$ の互いに相似でない標識全域部分グラフの数え上げ問題に同値であるから（例 4.7.1 参照），Harary [11] による次の定理を持つ．

定理 4.11.2. 正整数 n に対し，非標識 (n,n) 型 2 部グラフに対する通常型母関数 $\mathfrak{b}_n(x)$ は

$$\mathfrak{b}_n(x) = Z((\mathfrak{S}_2[\mathfrak{S}_n])', 1+x) \tag{4.11.6}$$

で与えられる．ここで，x^q の係数は大きさ q の非標識 (n,n) 型 2 部グラフの個数を表す．

たとえば，$\mathfrak{b}_3(x)$ は

$$\mathfrak{b}_3(x) = 1 + x + 2x^2 + 4x^3 + 5x^4 + 5x^5 + 4x^6 + 2x^7 + x^8 + x^9$$

である．たとえば x^3 の係数は 4 であるから，大きさ 3 の非標識 $(2,2)$ 型 2 部グラフは 4 個あることがわかり，それらを図 4.8 に図示した．$\mathfrak{b}_n(1)$ は非標識 (n,n) 型 2 部グラフの個数を与えており，表 4.7 に，$1 \leqq n \leqq 6$ に対し，$\mathfrak{b}_n(1)$ の数値を与えた．

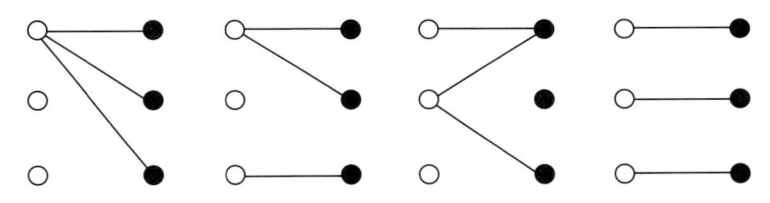

図 4.8 大きさ 3 の非標識 $(3,3)$ 型 2 部グラフ

表 4.7 非標識 (n,n) 型 2 部グラフの個数 $\mathfrak{b}_n(1)$

n	1	2	3	4	5	6
$\mathfrak{b}_n(1)$	2	6	26	192	3014	127757

4.12 木の数え上げ

標識づけられた木の数え上げを 3.2.3 項で行った．本節では，標識づけられていない木（非標識木）の数え上げを考察する．標識木の数え上げに，まず根つき標識木の数え上げを行った．非標識木の数え上げにも，根つき木の数え上げを必要とする．ここでは，根つき木といえば，根を含めどの点も標識づけられていないものを指す．[16, p.51] において指摘されているように，非標識木の数え上げには，根つき木の数え上げの考察なくしてうまくいかないと思われる．

4.12.1　根つき木の数え上げ

$\mathfrak{T}_n$ を位数 n の根つき木の個数とする．$\mathfrak{T}_n$ を x^n の係数に持つ通常型母関数

$$\mathfrak{T}^{(r)}(x) = \sum_{n=1}^{\infty} \mathfrak{T}_n x^n \qquad (4.12.1)$$

を考える．$\mathfrak{T}^{(r)}(x)$ のいくつかの項を例示すると

$$\mathfrak{T}^{(r)}(x) = x + x^2 + 2x^3 + 4x^4 + \cdots$$

であり，位数が 4 以下の根つき木を図 4.9 に示す．$\mathfrak{T}^{(r)}(x)$ において，たとえば x^4 の係数は 4 であるから，位数 4 の根つき木は 4 個あり，それらは図 4.9 の右から 4 個がそれを示している．

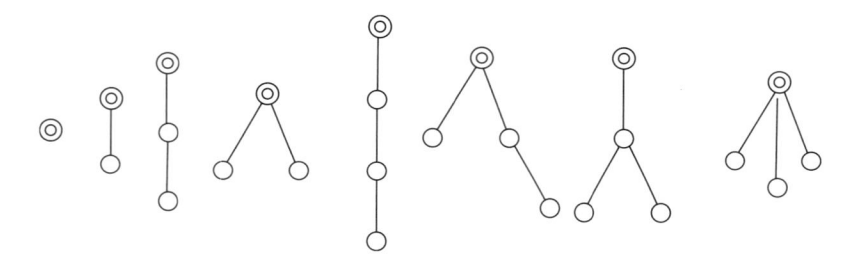

図 **4.9**　位数が 4 以下の根つき木

Pólya [23] は次の定理を与えた．

定理 4.12.1. 根つき木に対する通常型母関数は等式

$$\mathfrak{T}^{(r)}(x) = x \exp\left\{\sum_{k=1}^{\infty} \frac{\mathfrak{T}^{(r)}(x^k)}{k}\right\} \qquad (4.12.2)$$

を満たす．

証明． 根の次数が k である根つき木を数え上げる通常型母関数をまず見つけよう．根の次数が k である根つき木には k 個の根つき木の組み合わせが対応する．1 つの点を付加し，この点に後者の根つき木の根のおのおのを隣接させ，付加した点を根と考えることにより，根の次数が k である根つき木が構

成される．この状況を例示する．図 4.10 に示した 4 個の根つき木に 1 つの点（根）を付加して 4 個のおのおのの根に隣接させたものが図 4.11(a) であり，図 4.10 における根の表示を除いて得られた根つき木が図 4.11(b) に示されたものである．

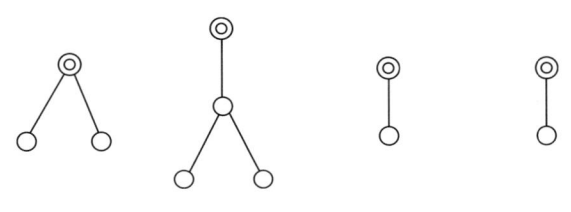

図 4.10 4 個の根つき木

$D = \{1, 2, \ldots, k\}$，R を根つき木すべてからなる集合とする．このとき，D から R への写像は各要素が根つき木である k 個からなる順序づけられた組に対応する．この組にはすぐ前に述べた構成法で次数 k の根を持つ根つき木が対応する．

根つき木 $h \in R$ の重み $w(h)$ を

$$w(h) = x^{n(h)}$$

により定める．ここで，$n(h)$ は根つき木 h の位数である．このとき，$\mathfrak{T}^{(r)}(x)$ は R の元を重みにより数え上げる関数で，R に対する図形数え上げ級数である．各 $g \in R^D$ に対し，g の重みが (4.5.5) に基づき定義される．g の重み指

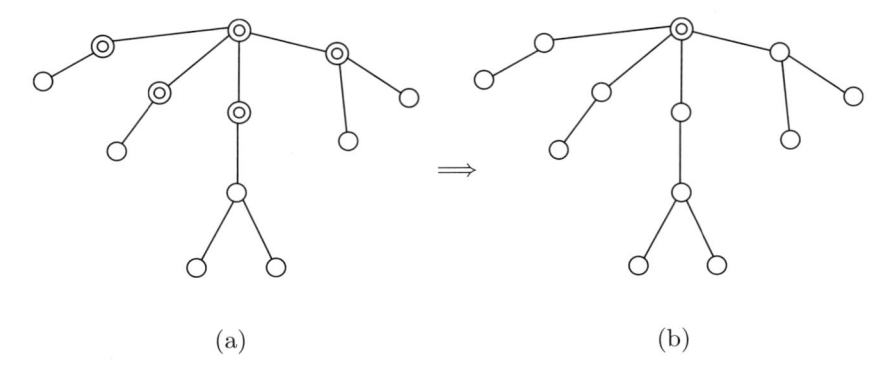

(a) ⇒ (b)

図 4.11 4 個の根つき木からの根つき木

数は g が対応する k 個の根つき木の位数の和である．したがって，g の重み指数は g が対応する次数 k の根を持つ根つき木の重み指数より 1 だけ小さい．

$\mathfrak{S}_k$ を D 上の対称群とする．各 $E^{\mathfrak{S}_k}$-軌道 F に対し，F の各元 $g\,(\in R^D)$ には次数 k の根を持つ根つき木が対応する．F の重み指数 $I(F)$（$g \in F$ の重み指数に等しい）は F に対応する次数 k の根を持つ根つき木の位数より 1 だけ小さい．Pólya の定理 4.7.1 を適用する．そこで，$A = \mathfrak{S}_k$, $\mathfrak{f}(x) = \mathfrak{T}^{(r)}(x)$ である．$Z(\mathfrak{S}_k, \mathfrak{T}^{(r)}(x))$ は R^D の $E^{\mathfrak{S}_k}$ による配置数え上げ級数であり，x^n の係数は根の次数が k である位数 $n+1$ の根つき木の個数である．x^n の係数として次数が k の根を持つ位数 n の根つき木の個数を表すように修正するには，$Z(\mathfrak{S}_k, \mathfrak{T}^{(r)}(x))$ に x を乗ずればよい．$xZ(\mathfrak{S}_k, \mathfrak{T}^{(r)}(x))$ を $n = 0, 1, 2, \ldots$ にわたり和をとると，それは $\mathfrak{T}^{(r)}(x)$ 自身である．すなわち

$$\mathfrak{T}^{(r)}(x) = x \sum_{n=0}^{\infty} Z(\mathfrak{S}_k, \mathfrak{T}^{(r)}(x)) \tag{4.12.3}$$

が成り立つ．(4.6.5) における s_k に $\mathfrak{T}^{(r)}(x^k)$ を代入して (4.12.2) が得られる． ∎

$\mathfrak{T}_n$ に関する漸化式を (4.12.2) から導こう．

$$\sum_{m=1}^{\infty} b_m x^m = \sum_{k=1}^{\infty} \frac{\mathfrak{T}^{(r)}(x^k)}{k} \tag{4.12.4}$$

とおくと，(4.12.1) から

$$b_m = \frac{1}{m} \sum_{n|m} n \mathfrak{T}_n \tag{4.12.5}$$

と書ける．(4.12.2) と (4.12.4) とから

$$\sum_{m=0}^{\infty} \mathfrak{T}_{m+1} x^m = \exp\left(\sum_{m=1}^{\infty} b_m x^m \right)$$

であるから，定理 1.5.1 を用いて

$$b_m = \mathfrak{T}_{m+1} - \frac{1}{m} \sum_{k=1}^{m-1} k b_k \mathfrak{T}_{m-k+1} \tag{4.12.6}$$

が得られ，(4.12.5) により

$$\frac{1}{m}\sum_{n|m} n\mathfrak{T}_n = \mathfrak{T}_{m+1} - \frac{1}{m}\sum_{k=1}^{m-1} k\left(\frac{1}{k}\sum_{n|k} n\mathfrak{T}_n\right)\mathfrak{T}_{m-k+1} \qquad (4.12.7)$$

が得られる．したがって，$\mathfrak{T}_1 = 1$ であるから，漸化式

$$\mathfrak{T}_{m+1} = \frac{1}{m}\sum_{k=1}^{m}\left(\sum_{n|k} n\mathfrak{T}_n\right)\mathfrak{T}_{m-k+1} \qquad (4.12.8)$$

を得る．$\mathfrak{T}_{m+1}$ は $\mathfrak{T}_1,\ldots,\mathfrak{T}_m$ を用いて求められる．この漸化式は Otter [22] の中で見られる．$\mathfrak{T}^{(r)}(x)$ の初めのいくつかの項を書き下しておこう：

$$\mathfrak{T}^{(r)}(x) = x + x^2 + 2x^3 + 4x^4 + 9x^5 + 20x^6 + 48x^7 + 115x^8 + 286x^9 + 719x^{10} + \cdots. \qquad (4.12.9)$$

4.12.2 非標識木の数え上げ

位数 n の非標識木の個数 t_n を x^n の係数とする通常型母関数

$$\mathfrak{t}(x) = \sum_{n=1}^{\infty} \mathfrak{t}_n x^n \qquad (4.12.10)$$

を考える．非標識木に対する公式の導きは Cayley が最初であった．Pólya は非標識木の数え上げを試み，$\mathfrak{t}_n$ に対するもう 1 つの表し方を得た．Otter [22] は定理 4.12.2 を導き，この定理を適用して $\mathfrak{t}(x)$ を求めた．それを見ていくことにしよう．

まず，本項に必要な用語の定義をしよう．標識木 g を考える．g の任意の 2 点 u と v に対し，u から v に至る道は木の性質上ただ 1 つであることが知られている．この道の長さは u から v に至る距離と呼ばれ，$d(u,v)$ と書く．g の点 u の離心数 $k(u)$ は，g の中で点 u から到達できる最大距離，すなわち $k(u) = \max\{d(u,v)|v \in V(g)\}$ で定義される．最小離心数，$r(g) = \min\{k(u)|u \in V(g)\}$ を g の半径という．$k(u) = r(g)$ を満たす点 u を g の中心点と呼ぶ．g の中心点全体のつくる集合を g の中心という．$n^*(g)$ を互いに相似でない点の個数とし，$e^*(g)$ を互いに相似でない辺の個数とする．相似の関係は同値関係であり，g の辺集合を相似関係で類別する．このときの同値類の個数が $e^*(g)$ である．i $(i = 1, 2, \ldots, e^*(g))$ 番目の同値類に属する

辺の端点のうち互いに相似でない点の個数を $n_i^*(g)$ と書く．2つの相似な点を結ぶ辺を対称辺と呼び，g における対称辺の個数を $\zeta(g)$ で表す．

定理 4.12.2. 標識木 g に対し，等式

$$n^*(g) - (e^*(g) - \zeta(g)) = 1 \tag{4.12.11}$$

が成り立つ．

証明． 最初に，等式

$$n^*(g) - 1 = \sum_{i=1}^{e^*(g)} (n_i^*(g) - 1) \tag{4.12.12}$$

が成り立つことを同値類の個数 $e^*(g)$ に関する帰納法により証明する．$e^*(g) = 1$ となる標識木 g に対して，$n^*(g) = n_1^*(g)$ であるから，(4.12.12) が成り立つ．$k \geqq 2$ となる整数 k に対し，$e^*(g) \leqq k - 1$ を満たす任意の標識木 g について (4.12.12) が成り立つと仮定する．$e^*(g) = k$ を満たす標識木 g を考える．$e^*(g) \geqq 2$ であるから，g の大きさは2以上である．g の辺のうち，切断点をただ1つ持つそのような辺のうちの1つを ϵ とし，ϵ が属する同値類を $\mathcal{B}_{i_0}$（i_0 番目の同値類）とする．ここでは，一般性を失うことなく $i_0 = k$ とする．$\mathcal{B}_k$ に属する辺の端点のうち切断点以外のすべての点を除き（この場合，点に接続する辺も除く）得られる標識グラフを g' とする．このとき，g' は標識木であり，

$$e^*(g') = e^*(g) - 1 \tag{4.12.13}$$

が成り立つ．$e^*(g) = k$ であるから，$e^*(g') \leqq k - 1$ である．したがって，帰納法の仮定より，g' において (4.12.12) が成り立つ．また，g' において，

$$n^*(g') = n^*(g) - (n_k^*(g) - 1), \quad n_i^*(g') = n_i^*(g) \quad (i = 1, 2, \ldots, e^*(g) - 1) \tag{4.12.14}$$

が成り立つ．(4.12.13) と (4.12.14) とから g に対して (4.12.12) が成り立つことがわかる．

さて，(4.12.11) の証明に移る．どんな標識木も中心は1つもしくは2つ持ち，2つ持つ場合はそれらの2点は隣接している事実が知られている [13, p.35]．標識木 g に対し，$\zeta(g) = 1$ が成り立つための必要十分条件は g が中

心点を 2 つ持ち，かつこの 2 点が相似であることである．$\zeta(g) = 1$ でなければ $\zeta(g) = 0$ であるということを銘記しよう [16, p.56]．g の辺集合の相似関係における類別において，対称辺を含む同値類 $\mathcal{B}_{i_1}$ では $n_{i_1}^*(g) = 1$ であり，それ以外の各同値類 $\mathcal{B}_j$ $(j \neq i_1)$ では $n_j^*(g) = 2$ である．(4.12.12) において
$$\sum_{i=1}^{e^*(g)} (n_i^*(g) - 1) = e^*(g) - \zeta(g)$$
となり，等式 (4.12.11) が得られる． ■

等式 (4.12.12) は，任意の標識グラフに対し成り立つもので，[14] により与えられた．ただし，$e^*(g)$ および $n_i^*(g)$ については若干の修正を加える必要がある．

非標識木の数え上げに関する Otter [22] によるたいへんエレガントな公式を証明しよう．

定理 4.12.3. 非標識木に対する通常型母関数 $\mathfrak{t}(x)$ は根つき標識木に対する通常型母関数を用いて次のように表される．

$$\mathfrak{t}(x) = \mathfrak{T}^{(r)}(x) - \frac{1}{2}\left(\left(\mathfrak{T}^{(r)}(x)\right)^2 - \mathfrak{T}^{(r)}(x^2)\right). \tag{4.12.15}$$

証明． 位数 n の非標識木すべてからなる集合を $\mathcal{T}_n$ と書く．(4.12.11) を $\mathcal{T}_n$ のすべての元の上で和をとる．

$$\sum_{g \in \mathcal{T}_n} 1 = \sum_{g \in \mathcal{T}_n} n^*(g) - \sum_{g \in \mathcal{T}_n} (e^*(g) - \zeta(g)) \tag{4.12.16}$$

となり，まず

$$\sum_{g \in \mathcal{T}_n} 1 = \mathfrak{t}_n \tag{4.12.17}$$

である．$g \in \mathcal{T}_n$ の点 u と v について，点 u を根にした根つき木と点 v を根にした根つき木は，g において u と v が相似ならば同型であり，そうでなければ同型でないということから，

$$\sum_{g \in \mathcal{T}_n} n^*(g) = \mathfrak{T}_n \tag{4.12.18}$$

である．非標識木 g をとり，g の対称辺でない任意の辺 e を考える．g から e を除き（辺 e の端点は除かない）e の端点を根にする 2 つの根つき木は互いに同型ではありえない．したがって，g の対称辺でない辺のおのおのは，互い

図 **4.12** 2 個の根つき木と対応する非対称辺

に同型でない 2 つの根つき木の順序づけられていない対（無順序対）に対応している．この対応は図 4.12 により例示される．図 4.12 では，左の 2 つの根つき木の根と根を隣接させた木が右の図であり，根と根を結ぶ辺は点線で示してあり，この辺は対称辺ではない．互いに同型でない 2 つの根つき木の無順序対を数え上げることは，2 つの元からなる集合から根つき木すべてからなる集合の中への 1:1 写像を数え上げることと同値である．したがって，定理 4.7.4 における図形数え上げ級数として $\mathfrak{T}^{(r)}(x)$ を用いると

$$\sum_{n=1}^{\infty}\sum_{g\in\mathcal{T}_n}(e^*(g)-\zeta(g))x^n = Z(\mathfrak{A}_2,\mathfrak{T}^{(r)}(x)) - Z(\mathfrak{S}_2,\mathfrak{T}^{(r)}(x)) \quad (4.12.19)$$

を得る．

$$Z(\mathfrak{A}_2) = s_1^2, \quad Z(\mathfrak{S}_2) = \frac{1}{2}(s_1^2 + s_2)$$

であるから，

$$Z(\mathfrak{A}_2,\mathfrak{T}^{(r)}(x)) - Z(\mathfrak{S}_2,\mathfrak{T}^{(r)}(x)) = \frac{1}{2}\left(\left(\mathfrak{T}^{(r)}(x)\right)^2 - \mathfrak{T}^{(r)}(x^2)\right) \quad (4.12.20)$$

が成り立つ．(4.12.16) の両辺に x^n を乗じよう．

$$\sum_{g\in\mathcal{T}_n} 1 \cdot x^n = \sum_{g\in\mathcal{T}_n} n^*(g)x^n - \sum_{g\in\mathcal{T}_n}(e^*(g)-\zeta(g))x^n. \quad (4.12.21)$$

(4.12.21) の左辺は，(4.12.10) と (4.12.17) とから，

$$\sum_{n=1}^{\infty}\sum_{g\in\mathcal{T}_n} 1 \cdot x^n = \mathfrak{t}(x) \quad (4.12.22)$$

となる．また，(4.12.21) の右辺の第 1 項は，(4.12.1) と (4.12.18) とから

$$\sum_{n=1}^{\infty}\sum_{g\in\mathcal{T}_n} n^*(g)x^n = \mathfrak{T}^{(r)}(x) \quad (4.12.23)$$

となる．(4.12.21) の右辺の第 2 項は，(4.12.19) と (4.12.20) とから

$$\sum_{n=1}^{\infty}\sum_{g\in\mathcal{T}_n}(e^*(g)-\zeta(g))x^n = \frac{1}{2}((\mathfrak{T}^{(r)}(x))^2 - \mathfrak{T}^{(r)}(x^2)) \tag{4.12.24}$$

となる．以上，3 つの式から，(4.12.15) が得られる． ∎

$\mathfrak{T}^{(r)}(x)$ の初めの数項を書き下した式 (4.12.9) を用いて，(4.12.15) を計算した結果を以下に記載しておこう．

$$\mathfrak{t}(x) = x + x^2 + x^3 + 2x^4 + 3x^5 + 6x^6 + 11x^7 + 23x^8 + 47x^9 + 106x^{10} + \cdots . \tag{4.12.25}$$

第5章 べき群数え上げ定理

べき群 E^A による R^D の重みつき軌道を数え上げる級数 $\mathfrak{F}(x)$（配置数え上げ級数）を求める方法を Pólya は与えた．これは，集合 R の元を重み指数に従って数え上げる図形数え上げ級数 $\mathfrak{f}(x)$ を A の巡回指数における各変数に代入することにより成就されるものである．Pólya の方法は種々のグラフの数え上げを可能にした．R 上の置換群 B が**単位群**でない場合を考察しよう．この場合のべき群 B^A による R^D の軌道を数え上げる問題に遭遇することが時々あるからである．ここでの考察は Pólya の定理の一般化であり，de Bruijn [4, 5] が最初に取り扱った．ここでは，微分演算子を用いた de Bruijn の方法とは違って，べき群 B^A の巡回指数を求め，Pólya の定理に対応する数え上げ定理を導き，それの応用を考察する．この考察は Harary and Palmer [15] に従っている．応用の 1 つとして自己補グラフの数え上げが挙げられる．

5.1 べき群による数え上げ

位置の集合 $D = \{d_1, \ldots, d_m\}$，図形の集合 $R = \{r_1, \ldots, r_n\}$ をとり，D 上の置換群 A，R 上の置換群 B に対し，集合 R^D 上のべき群 B^A の巡回指数 $Z(B^A)$ を求めよう．べき群 B^A の次数は n^m，位数は $|A||B|$ である．置換 $(\alpha; \beta) \in B^A$ における長さ t の巡回成分の個数 $j_t(\alpha; \beta)$ は $j_1(\alpha; \beta)$ を用いて与

えられる．$j_1(\alpha;\beta)$ について，

$$j_1(\alpha;\beta) = \prod_{k=1}^{m}\left(\sum_{s|k} sj_s(\beta)\right)^{j_k(\alpha)} \tag{5.1.1}$$

が成り立つ．ここで，$j_k(\alpha) = 0$ の場合はつねに $\left(\sum_{s|k} sj_s(\beta)\right)^{j_k(\alpha)} = 1$ と定める．$j_t(\alpha;\beta)$ $(t>1)$ について次の結果を得る．

$$j_t(\alpha;\beta) = \frac{1}{t}\sum_{s|t}\mu(\frac{t}{s})j_1(\alpha^s;\beta^s) \qquad (t>1). \tag{5.1.2}$$

ここで，μ は (1.5.22) で定義されたメービウス関数である．等式 (5.1.1) および (5.1.2) を後に見ていくことにしよう．B^A の巡回指数を定理として記載しておく．

定理 5.1.1.

$$Z(B^A) = \frac{1}{|A|\cdot|B|}\sum_{(\alpha;\beta)\in B^A}\prod_{k=1}^{n^m} s_k^{j_k(\alpha;\beta)}. \tag{5.1.3}$$

B^A の巡回指数は (5.1.1) および (5.1.2) を活用することにより求められる．付録 D.9.1 に $A=$ 対称群 $\mathfrak{S}_n, B=\mathfrak{S}_2$ の場合の巡回指数，付録 D.9.2 に $A=$ 巡回群 $C_n, B=\mathfrak{S}_2$ の場合の巡回指数，付録 D.9.3 に $A=$ 二面体群 $\mathcal{D}_n, B=\mathfrak{S}_2$ の場合の巡回指数，付録 D.9.4 に $A=$ 対群 $\mathcal{P}_n, B=\mathfrak{S}_2$ の場合の巡回指数を掲載する．

さて，最初に (5.1.1) を示そう．置換 $(\alpha;\beta)\in B^A$ に対し，a_k を α の長さ k の巡回成分とし，D_k を a_k に属する D の元の集合とする．このとき $(a_k;\beta)$ は R^{D_k} 上に作用する置換である．b_s を β の長さ s の巡回成分とし，R_s を b_s に属する R の元の集合とする．

補題 5.1.2. $(a_k;b_s)$ により固定される写像 $g\in R_s^{D_k}$ を考える．このとき

(1)　k は s の倍数

(2)　b_s に属する R の各元 r に対し，

$$\sharp\{d\in D_k | g(d)=r\} = \frac{k}{s} \tag{5.1.4}$$

5.1 べき群による数え上げ   109

が成り立つ.

証明. g は R_s の元すべてを値にとらなければならない. このことは次の例からも観察できる. a_k として置換 (123456) をとり, b_s として置換 $(abc)(d)$ の巡回成分 (abc) をとり, $(a_k; b_s)$ により固定される写像 g, すなわち

$$(a_k; b_s)g(i) = g(i) \qquad (i = 1, 2, 3, 4, 5, 6)$$

を満たす写像 g を考えよう. $g(1) = a$ と定めると, $(a_k; b_s)g = g$ により $g(2) = c, g(3) = b, g(4) = a, g(5) = c, g(6) = b$ が導かれ, g は b_s に属するすべての要素を値に持つ.

$d \in D_k$ に対し $g(d) = r$ $(r \in R_s)$ とする. このとき, g により

$$\begin{array}{ccccc} d & a_k^{-1}d & a_k^{-2}d & \cdots & a_k^{-(k-1)}d \\ & & {\scriptstyle g}\downarrow & & \\ r & b_s r & b_s^2 r & \cdots & b_s^{k-1} r \end{array} \qquad (5.1.5)$$

である.

$$b_s^k g(d) = g(a_k^{-k} d)$$

が成り立ち, a_k^{-k} は D_k 上で恒等置換であるから

$$g(d) = b_s^k g(d)$$

である. d は D_k の任意の元であるから, $s | k$ である. (5.1.5) の下側の行は, b_s の要素が組として $\frac{k}{s}$ 回現れるから, 等式 (5.1.4) が得られる. ∎

補題 5.1.2 の証明の中からわかるように, 各元 $r \in R_s$ に対し, $(a_k; b_s)$ により固定される写像 $g \in R_s^{D_k}$ がただ 1 つ定まる. したがって, $(a_k; b_s)$ により固定される写像は s 個ある. 補題 5.1.2(1) から, $(a_k; \beta)$ により固定される R^{D_k} に属する写像の個数は $\sum_{s|k} s j_s(\beta)$ である. この個数は, a_k について見れば, a_k の長さ k にのみ依存しているから, $c_k(\beta)$ と書ける. つまり

$$c_k(\beta) = \sharp\{g \in R^{D_k} | (a_k; \beta)g = g\} = \sum_{s|k} s j_s(\beta) \qquad (5.1.6)$$

である．(5.1.6) における a_k として α のすべての巡回成分を考えることによって

$$j_1(\alpha;\beta) = \prod_{k=1}^{m}(c_k(\beta))^{j_k(\alpha)} \tag{5.1.7}$$

が成り立つ．ここに，$j_k(\alpha) = 0$ の場合はつねに $(c_k(\beta))^{j_k(\alpha)} = 1$ であると定める．(5.1.6) と (5.1.7) から等式 (5.1.1) が得られる．

次に $j_t(\alpha;\beta)$ の考察に移ろう．$\gamma = (\alpha;\beta)$ とおく．置換 γ の長さ k の巡回成分を t 乗すると，長さ $\frac{k}{d(k,t)}$ の巡回成分が $d(k,t)$ 個生まれる．したがって，γ は長さ k の巡回成分を $j_k(\gamma)$ 個持つから，これらの巡回成分を t 乗すると，長さが $\frac{k}{d(k,t)}$ の巡回成分が $d(k,t)j_k(\gamma)$ 個生み出される．$(\alpha;\beta)^h = (\alpha^h;\beta^h)$ であるから，

$$j_1(\alpha^t;\beta^t) = \sum d(k,t)j_k(\alpha;\beta) \tag{5.1.8}$$

が得られる．ここで，和は，$\frac{k}{d(k,t)} = 1$ を満たすすべての k，すなわち t のすべての約数 k についてとるものとする．(5.1.8) は

$$j_1(\alpha^t;\beta^t) = \sum_{k|t} kj_k(\alpha;\beta) \tag{5.1.9}$$

と書き直され，定理 1.5.7 を用いて，(5.1.2) が導かれた．

次の定理を用いてべき群 B^A の軌道の個数を決定することができる．もちろん $Z(A)$ と $Z(B)$ が既知であるとしてのことである．

定理 5.1.3. （べき群数え上げ定理）
R^D 上のべき群 B^A による軌道の個数 $N(B^A)$ は

$$N(B^A) = \frac{1}{|B|}\sum_{\beta \in B} Z(A;c_1(\beta),\ldots,c_m(\beta)) \tag{5.1.10}$$

で与えられる．ここに

$$c_k(\beta) = \sum_{s|k} sj_s(\beta) \tag{5.1.11}$$

である．

証明． 定理 4.3.2 により

$$N(B^A) = \frac{1}{|B^A|}\sum_{(\alpha;\beta)\in B^A} j_1(\alpha;\beta) \tag{5.1.12}$$

であることがわかる．(5.1.12) の右辺は (5.1.7) を用い，$|B^A| = |B| \cdot |A|$ であるから，

$$\frac{1}{|B|}\sum_{\beta \in B}\frac{1}{|A|}\sum_{\alpha \in A}\prod_{k=1}^{m}(c_k(\beta))^{j_k(\alpha)}$$

となり，A の巡回指数の形を考慮して

$$\frac{1}{|A|}\sum_{\alpha \in A}\prod_{k=1}^{m}(c_k(\beta))^{j_k(\alpha)} = Z(A; c_1(\beta), \ldots, c_m(\beta))$$

と書けるから，等式 (5.1.10) を得る． ∎

例 5.1.1. ネックレス問題を考えよう．ここでは，赤，青 2 色のビーズが用意され，4 個のビーズからなるネックレスを考える．赤，青は交換可能とする．したがって，考える群として A は 4 次の二面体群 $\mathcal{D}_4$，B は $\mathfrak{S}_2$ である．したがって，べき群は $\mathfrak{S}_2^{\mathcal{D}_4}$ である．$\mathcal{D}_4$ の巡回指数は (4.6.7) より，または付録 D.4 により

$$Z(\mathcal{D}_4; s_1, s_2, s_3, s_4) = \frac{1}{8}(s_1^4 + 2s_1^2 s_2 + 3s_2^2 + 2s_4) \tag{5.1.13}$$

と書かれる．$\beta \in \mathfrak{S}_2$ が恒等置換ならば，(5.1.11) からすべての $k = 1, 2, 3, 4$ に対し $c_k(\beta) = 2$，β が赤，青を交換する互換ならば，$k = 1, 3$ のとき $c_k(\beta) = 0$，$k = 2, 4$ のとき $c_k(\beta) = 2$ となる．定理 5.1.3 から

$$N(\mathfrak{S}_2^{\mathcal{D}_4}) = \frac{1}{2}\{Z(\mathcal{D}_4; 2, 2, 2, 2) + Z(\mathcal{D}_4; 0, 2, 0, 2)\} \tag{5.1.14}$$

を得る．(5.1.13) から $Z(\mathcal{D}_4; 2, 2, 2, 2) = 6, Z(\mathcal{D}_4; 0, 2, 0, 2) = 2$ である．したがって，(5.1.14) から $\mathfrak{S}_2^{\mathcal{D}_4}$ の軌道の個数は 4 である．すなわち

(1) 交換可能な色を持つ 4 個すべてのビーズが同色なネックレスは 1 種類
(2) 丁度 3 個のビーズが同色なネックレスは 1 種類
(3) 丁度 2 個のビーズが同色なネックレスは 2 種類

である．図 5.1 はこのことを示している．

このネックレス問題の一般化として，交換可能ないくつかの色で塗られたビーズからなるネックレス問題が考えられる．ビーズとして n 個，色として m 個の場合の異なったネックレスの個数は $\mathfrak{S}_m^{\mathcal{D}_n}$ の軌道の個数に一致する．

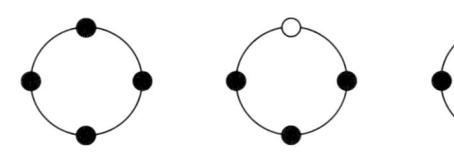

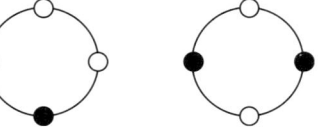

図 5.1　4 点ネックレス

5.2　べき群による配置数え上げ級数

A を位置の集合 $D = \{d_1, \ldots, d_m\}$ 上の置換群，B を図形の集合 R 上の置換群とし，R^D 上のべき群 B^A による配置数え上げ級数を考察しよう．B が単位群の場合は，A の巡回指数を経由して配置数え上げ級数を与えた（定理 4.7.1）．本節では，B が必ずしも単位群でない場合の B^A による配置数え上げ級数を求める．w は R から $\{1, x, x^2, \ldots, x^l, \ldots\}$ への関数である．4.5 節で見られるように，w は重み関数で，おのおのの非負整数 l に対し，$|w^{-1}(x^l)| < \infty$ とする．$g \in R^D$ に対し，g の重み $w(g)$ は

$$w(g) = \prod_{d \in D} w(g(d)) \tag{5.2.1}$$

により定義され，$w(g) = x^l$ であるとき，l を g の重み指数という（(4.5.5) 参照）．$R_l = w^{-1}(x^l)$ とおく．また，$B(R_l) = \{\beta r \mid \beta \in B, r \in R_l\}$ とおく．

補題 5.2.1. F を B^A-軌道とする．このとき，F に属するすべての写像が同じ重みを持つための必要十分条件は各 $l = 0, 1, 2, \ldots$ に対し，$B(R_l) = R_l$ が成り立つことである．

証明．必要性を対偶で示す．ある l に対し，$B(R_l) \neq R_l$ と仮定する．このとき，$w(r) \neq w(\beta r)$ を満たす $B \times R_l$ の元 (β, r) が存在する．すべての $d \in D$ に対し，$f(d) = r, g(d) = \beta r$ により定義される写像 $f, g \in R^D$ を考える．このとき，

$$(\alpha; \beta)f(d) = \beta f(\alpha d) = \beta r = g(d)$$

であるから，f と g は B^A-同値，すなわち同じ B^A-軌道にある．しかし，$w(f) \neq w(g)$ である．

十分性の証明に進もう．$f, g \in F$ を考える．このことは次のことを示して

いる. ある $(\alpha;\beta) \in B^A$ に対し, $(\alpha;\beta)f = g$, すなわち

$$\beta f(\alpha d) = g(d) \qquad d \in D \tag{5.2.2}$$

が成り立つ. 各 $d \in D$ に対し, ある l で $g(d) \in R_l$ ならば, $B(R_l) = R_l$ であるから, $\beta^{-1}g(d) \in R_l$ であり, したがって (5.2.2) により, $f(\alpha d) \in R_l$ である. つまり,

$$B(R_l) = R_l \quad \text{ならば} \quad w(\beta f(\alpha d)) = w(f(\alpha d))$$

である. それゆえ,

$$w(g) = \prod_{d \in D} w(\beta f(\alpha d)) = \prod_{d \in D} w(f(\alpha d)) = w(f)$$

が示された. ∎

これからは本節を通し, 補題の条件「すべての $l = 0, 1, 2, \ldots$ に対し, $B(R_l) = R_l$」が満たされるものとする. このとき, B の元 β は, 各 $l = 0, 1, 2, \ldots$ に対し R_l 上に作用する置換 β_l の積

$$\beta = \prod \beta_l \tag{5.2.3}$$

として書ける. また, 補題 5.2.1 により B^A-軌道 F に属するすべての写像は同じ重み指数を持つから, この重み指数を F の重み指数と呼ぶことができる. $\mathfrak{F}_i$ を重み指数 i を持つ B^A-軌道の個数とし, $\mathfrak{F}_i$ を x^i の係数とする配置数え上げ級数

$$\mathfrak{F}(x) = \mathfrak{F}_0 + \mathfrak{F}_1 x + \mathfrak{F}_2 x^2 + \cdots \tag{5.2.4}$$

を求めよう.

べき群 B^A における置換 $\gamma = (\alpha; \beta)$ を考える. a_k を $\text{dec}(\alpha)$ に属する長さ k の巡回成分とし, D_k を a_k によって置換される D の元の集合とする. $(a_k; \beta_l)$ により固定される $R_l^{D_k}$ に属する写像の集合を $F(a_k; \beta_l)$ と書く. このとき, $|F(a_k; \beta_l)|$ は a_k についてはその長さ k のみに依存しており, (5.1.6) のすぐ上の記号を用いて, $|F(a_k; \beta_l)| = c_k(\beta_l)$ と書ける. (5.1.6) を観察して

$$c_k(\beta_l) = \sum_{s|k} s j_s(\beta_l) \tag{5.2.5}$$

となる．$F(a_k; \beta_l)$ に属する写像 g はいずれも

$$\prod_{d \in D_k} w(g(d)) = x^{kl}$$

を満たすから，$\sum_{s|k} sj_s(\beta_l)$ を x^{kl} の係数とする通常型母関数

$$c_k(\beta, x) = \sum_l \left(\sum_{s|k} sj_s(\beta_l) \right) x^{kl} \qquad (5.2.6)$$

が考えられる．$c_k(\beta, x)$ における x^i の係数は，$(a_k; \beta)$ により固定され，

$$\prod_{d \in D_k} w(f(d)) = x^i$$

を満たす R^{D_k} の元の個数である．したがって，各 $\alpha \in A$ に対し，

$$\prod_{k=1}^m (c_k(\beta, x))^{j_k(\alpha)} \qquad (5.2.7)$$

について，x^i の係数は置換 $(\alpha; \beta) \in B^A$ により固定され，重み x^i を持つ R^D の元の個数である．$x = 1$ のとき，$c_k(\beta, 1) = c_k(\beta)$ であり，(5.2.7) は (5.1.1) に還元される．Harary and Palmer [15] により次の定理が与えられた．

定理 5.2.2. 重み指数 k を持つ B^A-軌道の個数 $\mathfrak{F}_k$ を x^k の係数とする配置数え上げ級数は

$$\mathfrak{F}(x) = \frac{1}{|B|} \sum_{\beta \in B} Z(A; c_1(\beta, x), c_2(\beta, x), \ldots, c_m(\beta, x)) \qquad (5.2.8)$$

である．ここに，

$$c_k(\beta, x) = \sum_l \left(\sum_{s|k} sj_s(\beta_l) \right) x^{kl}$$

である．

再び，ネックレスの問題を取り上げよう．

例 5.2.1. 赤 (r) と青 (b) と黄 (y) の合計 4 個のビーズの置かれる位置の集合 $D = \{1, 2, 3, 4\}$ から色の集合 $R = \{\text{r,b,y}\}$ への写像 g がネックレスを 1 つ決

めることになる．D 上の置換群 A として二面体群 $\mathcal{D}_4$ をとる．R 上の置換群 B は2つの置換 (r)(b)(y) と (r)(by) からなるものとする．R の各元の重みとして，$w(\mathsf{r})= x^0 = 1$, $w(\mathsf{b})= w(\mathsf{y})= x$ をとる．$g \in R^D$ の重みが x^k であるということは，g が表すネックレスが $4-k$ 個の赤色ビーズと青色もしくは黄色のビーズを k 個持つことを意味し，k をこのネックレスの重み指数と呼ぶことにしよう．

定理 5.2.2 の適用にあたり，$c_k(\beta, x)$ を求める．恒等置換 $\beta =$ (r)(b)(y) に対し，各 $k=1,2,3,4$ について $c_k(\beta, x) = 1+2x^k$ である．$\beta =$ (r)(by) の場合，k が奇数のとき $c_k(\beta, x) = 1$，k が偶数のとき $c_k(\beta, x) = 1+2x^k$ である．したがって，(5.2.8) は

$$\mathfrak{F}(x) = \frac{1}{2}\left\{Z(\mathcal{D}_4, 1+2x) + Z(\mathcal{D}_4; 1, 1+2x^2, 1, 1+2x^4)\right\}$$

と書ける．$\mathcal{D}_4$ の巡回指数 (4.6.7) により，配置数え上げ級数は

$$\mathfrak{F}(x) = 1 + x + 4x^2 + 3x^3 + 4x^4 \tag{5.2.9}$$

となる．(5.2.9) における x^3 の係数 3 は重み指数 3 （赤色ビーズ 1 個，青色もしくは黄色のビーズを 3 個持つ）のネックレスの個数を示しており，それを図 5.2 に図示した．図 5.3 は重み指数 4 のネックレスを図示したものである．

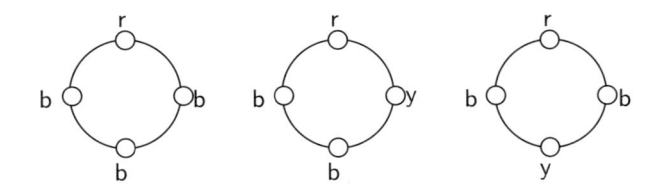

図 **5.2** 重み指数 3 のネックレス

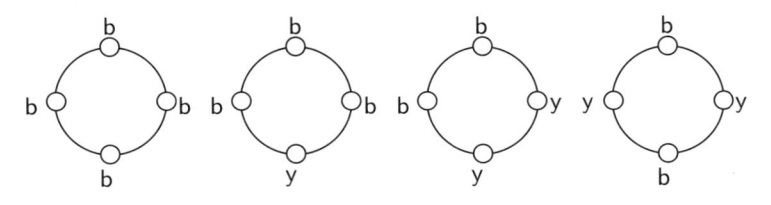

図 **5.3** 重み指数 4 のネックレス

第6章

自己補グラフ

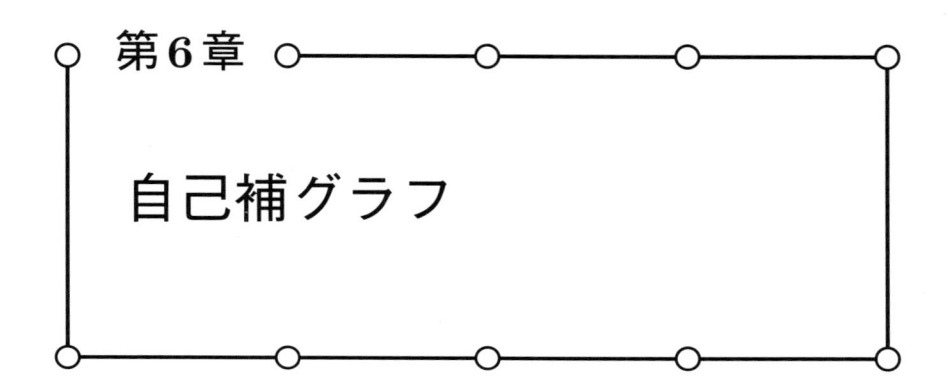

　本章では，非標識自己補グラフの数え上げを考察した後に，標識自己補グラフの数え上げの考察を行う．通常，グラフの数え上げには，まず先に標識の場合の考察をし，同じ属性を持つ非標識な場合の考察に移るのが一般的であろう．たとえば，標識グラフの数え上げを行った後に，非標識グラフの数え上げを行うといった具合である．もう1つの例として，連結な標識グラフの数え上げの後，連結な非標識グラフの数え上げがあげられる．自己補グラフの場合は，1963年にRead [25] が非標識自己補グラフの数え上げを行った．この後，標識自己補グラフの数え上げの問題が，1973年にHarary and Palmer [16] により，再度1999年にFarrugia [7] により未解決問題としてアナウンスされた．この問題はTazawa（筆者）[31] により解決された．また，この問題の解決の過程でRead [25] の結果が導かれた．

6.1　自己補グラフと群

　自己補グラフの位数に関する条件については次の定理が知られている．この定理の証明はRingel [28] による．

定理 6.1.1. 位数 n の標識自己補グラフが存在するための必要十分条件は，正整数 n が $n \equiv 0 \pmod{4}$ または $n \equiv 1 \pmod{4}$ を満たすことである．

証明． g を位数 n の標識自己補グラフとする．g の大きさは $\frac{n(n-1)}{4}$ であり，

118   第6章 自己補グラフ

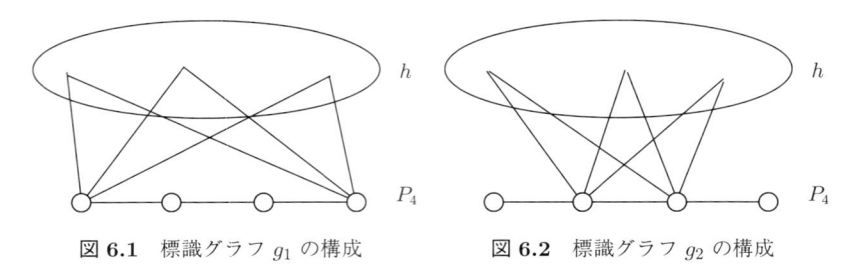

図 6.1 標識グラフ g_1 の構成   **図 6.2** 標識グラフ g_2 の構成

この数値はもちろん整数である．n と $n-1$ は互いに素であるから，n は 4 の倍数か，$n-1$ が 4 の倍数かのいずれかであり，$n \equiv 0 \pmod{4}$ または $n \equiv 1 \pmod{4}$ が成り立つ．

逆を位数に関する帰納法で示す．自明な標識グラフ（位数 1 のグラフ）と位数 4 の道 P_4 は標識自己補グラフであることはすでにわかっている．$n > 5$ を，$n \equiv 0 \pmod{4}$ または $n \equiv 1 \pmod{4}$ を満たす正整数とする．このとき，位数 $n-4$ の標識自己補グラフ h が存在すると仮定する．h と P_4 を考える．ここで，これら 2 つの標識グラフは共通の点を持たないとする．P_4 の次数 1 の各点と h のすべての点を結んで得られる標識グラフを g_1 とする（図 6.1 参照）．g_1 の補グラフにおいて，P_4 の標識補グラフの次数 1 の各点は h の標識補グラフのすべての点と隣接している．P_4 と h は標識自己補グラフであるから，g_1 は標識自己補グラフであることがわかる．∎

注意 6.1.2. 定理 6.1.1 の証明において，P_4 の次数 2 の各点と h のすべての点を結んで得られるグラフ g_2（図 6.2 参照）も標識自己補グラフであることがわかる．

点集合 $V = \{1, 2, \ldots, n\}$ に対し，$D = \binom{V}{2}$ をとる．V 上の対称群 $\mathfrak{S}_n$ をとり，この群の単位元を ϵ で表す．また，$R = \{0, 1\}$ 上の対称群 $\mathfrak{S}_2 = \{\iota, \xi_1\}$ をとり，この群の単位元を ι で表し，ξ_1 は 0 と 1 を交換する置換である．標識グラフ $g \in R^D$ に対し，$(\epsilon'; \xi_1)g$ は g の標識補グラフを表す．というのは，$g(\{i, j\})$ が 1 のときは $(\epsilon'; \xi_1)g(\{i, j\})$ の値は 0 になり，0 のときは 1 の値になるからである．次の補題は自己補グラフの定義から明らかである．

補題 6.1.3. 標識グラフ $g \in R^D$ が標識自己補グラフであるための必要十分

条件は
$$(\alpha'; \xi_1) g(\{i,j\}) = g(\{i,j\}) \qquad \{i,j\} \in D \qquad (6.1.1)$$
を満たす $\alpha \in \mathfrak{S}_n$ が存在することである.

(6.1.1) が成り立つとき, g は $(\alpha'; \xi_1)$ によって固定されるといわれる. $\mathcal{S}_n$ を位数 n の V 上標識自己補グラフすべてからなる集合とする. $g \in \mathcal{S}_n$ ならば, (6.1.1) は $(\alpha'; \iota) g = \overline{g}$ と書き換えることができる. ここで, $\overline{g}$ は g の標識補グラフである. α は g の自己補写像と呼ばれる. 集合 $\mathfrak{S}_n^{[S]} = \{\alpha \in \mathfrak{S}_n \mid \exists g \in \mathcal{S}_n, (\alpha'; \iota) g = \overline{g}\}$ を定め, 各 $g \in \mathcal{S}_n$ に対し, 集合 $\mathfrak{S}_n^{[S]}(g) = \{\alpha \in \mathfrak{S}_n^{[S]} \mid (\alpha'; \iota) g = \overline{g}\}$ を定める. このとき, 次の補題は $\mathfrak{S}_n^{[S]}(g)$ の定義から明らかである.

補題 6.1.4. $\alpha \in \mathfrak{S}_n$ および位数 n の標識グラフ g に対し, g が $(\alpha'; \iota) g = \overline{g}$ を満たす, すなわち $\alpha \in \mathfrak{S}_n^{[S]}(g)$ を満たす標識自己補グラフであるための必要十分条件は, 各 $z \in \mathrm{dec}(\alpha')$ に対し, z の任意の要素 $\{i,j\}$ において,
$$g(\{i,j\}) + g(z\{i,j\}) = 1 \qquad (6.1.2)$$
が成り立つことである.

$\mathfrak{S}_n^{[S]}$ に属する置換の型が次の定理によって特徴づけられる.

定理 6.1.5. n を $n \equiv 0, 1 \pmod{4}$ を満たす正整数とする. このとき, α が $\mathfrak{S}_n^{[S]}$ の元であるための必要十分条件は次の条件が成り立つことである.
$$j_1(\alpha) \leqq 1 \qquad (6.1.3)$$
かつ, 各 $k = 2, 3, \ldots, n$ に対し,
$$j_k(\alpha) \geqq 1 \quad \Rightarrow \quad k \equiv 0 \pmod{4}. \qquad (6.1.4)$$

証明. $\alpha \in \mathfrak{S}_n^{[S]}$ とすると, $(\alpha'; \iota) g = \overline{g}$ を満たす $g \in \mathcal{S}_n$ が存在し, (6.1.2) により, $\mathrm{dec}(\alpha')$ の各元 z に対し, z の各要素の g による値 0 と 1 を交互にとらなければならない. このことは,

(*) $\qquad \mathrm{dec}(\alpha')$ の各元 z の長さは偶数

でなければならないことを示している．この事実は $j_1(\alpha) \leqq 1$ を意味する．各 $k \geqq 2$ に対し $j_k(\alpha) \geqq 1$ と仮定する．このとき，(*) は k が偶数であることを示している．そこで，$k = 2\ell$ とおく．α の巡回成分のうちの 1 つ a が奇数 ℓ に対し長さ 2ℓ の巡回成分であるならば，a は α' のうちに奇数の長さを持った巡回成分を生成することになり，(*) に矛盾する．したがって，ℓ は偶数，すなわち $k \equiv 0 \pmod{4}$ である．

他方，$\mathfrak{S}_n$ の元 α が (6.1.3) と (6.1.4) を満たすと仮定する．このとき，α によって誘導される $\mathcal{P}_n$ の元 α' に対し，(*) が成り立つ．したがって，(6.1.2) を満たす標識グラフ g を構成することができる．補題 6.1.4 により，g は $(\alpha'; \iota)g = \overline{g}$ を満たす標識自己補グラフである．それゆえ，$\alpha \in \mathfrak{S}_n^{[S]}$ である． ∎

定理 6.1.5 の証明から次の系が得られる

系 6.1.6. α が $\mathfrak{S}_n^{[S]}$ の元であり，かつそのときに限り，α' の巡回成分すべての長さはつねに偶数である．

$\Gamma(g)$ と $\mathfrak{S}_n^{[S]}(g)$ の間に単純な関係があることを次の定理が示している．

定理 6.1.7. $g \in \mathcal{S}_n$ を考える．このとき，任意の $\alpha \in \mathfrak{S}_n^{[S]}(g)$ に対し，$\mathfrak{S}_n^{[S]}(g) = \Gamma(g)\alpha$ が成り立つ．

証明． $\eta \in \mathfrak{S}_n$ に対し，$\eta^* = (\eta'; \iota)$ と書く．まず，$\eta, \tau \in \mathfrak{S}_n$ に対し，$(\eta\tau)^* = \tau^*\eta^*$ および $(\eta^{-1})^* = (\eta^*)^{-1}$ が成り立つということを注意しておく．任意の $\beta \in \mathfrak{S}_n^{[S]}(g)$ に対し，

$$(\beta\alpha^{-1})^* g = (\alpha^{-1})^* \beta^* g = (\alpha^*)^{-1} \overline{g} = g$$

が成り立つ．したがって，$\beta\alpha^{-1}$ は $\Gamma(g)$ の元であり，$\beta \in \Gamma(g)\alpha$ となる．このことは $\mathfrak{S}_n^{[S]}(g) \subseteq \Gamma(g)\alpha$ を意味する．

逆に，$\Gamma(g)\alpha$ の任意の元 β は $\beta = \gamma\alpha$, $\gamma \in \Gamma(g)$ と書ける．よって

$$\beta^* g = (\gamma\alpha)^* g = \alpha^*(\gamma^* g) = \alpha^* g = \overline{g}.$$

したがって，$\beta \in \mathfrak{S}_n^{[S]}(g)$ である．このことは $\Gamma(g)\alpha \subseteq \mathfrak{S}_n^{[S]}(g)$ を意味する．それゆえ，以上のことから $\mathfrak{S}_n^{[S]}(g) = \Gamma(g)\alpha$ が成り立つ． ∎

定理 6.1.7 は次の系を与える.

系 6.1.8. $g \in \mathcal{S}_n$ に対して, $|\mathfrak{S}_n^{[S]}(g)| = |\Gamma(g)|$ が成り立つ.

6.2 Read による非標識自己補グラフの数え上げ

位数が与えられたときの非標識自己補グラフの個数に関する公式が Read [25] によって案出された. この公式の導きは de Bruijn の定理 [5] を用いてであり, この定理の応用としては Read が最初であった. さて, Read の公式を導こう. 2 つの標識グラフがべき群 $\mathfrak{S}_2^{\mathcal{P}_n}$ の同じ軌道内にあるとき, かつそのときに限り, それら 2 つのグラフは同値であると定める. もう少し詳しくいうと, 2 つの標識グラフ $f, g \in R^D$ がある置換 $\alpha \in \mathfrak{S}_n$ に対し, $(\alpha'; \iota) f = g$ もしくは $(\alpha'; \xi_1) f = g$ が成り立つとき f と g は同値であり, べき群 $\mathfrak{S}_2^{\mathcal{P}_n}$ の同じ軌道内にある. ここで, $(\alpha'; \iota) f = g$ の場合, f と g は互いに同型な関係にあり, $(\alpha'; \xi_1) f = g$ の場合, f と $\bar{g}$ が互いに同型な関係にある. べき群 $\mathfrak{S}_2^{\mathcal{P}_n}$ の軌道の個数を $\mathfrak{a}_n$ と書く. ここで定理 5.1.3 を用いる. (5.1.11) より, $c_k(\beta)$ は次の通りである. $\mathfrak{S}_2$ の元 ι, ξ_1 に対し,

$$j_s(\iota) = \begin{cases} 2 & (s = 1 \text{ のとき}) \\ 0 & (s > 1 \text{ のとき}) \end{cases} \qquad j_s(\xi_1) = \begin{cases} 1 & (s = 2 \text{ のとき}) \\ 0 & (s \neq 2 \text{ のとき}) \end{cases}$$

であるから,

$$\text{任意の正整数 } k \text{ に対し } c_k(\iota) = 2 \text{ また } c_k(\xi_1) = \begin{cases} 2 & (\text{偶数 } k \text{ のとき}) \\ 0 & (\text{奇数 } k \text{ のとき}) \end{cases}$$

となる. 定理 5.1.3 において, A に $\mathcal{P}_n$ をとり, B に $\mathfrak{S}_2$ をとって, (5.1.10) から

$$\mathfrak{a}_n = \frac{1}{2} \{ Z(\mathcal{P}_n; 2, 2, \ldots) + Z(\mathcal{P}_n; 0, 2, 0, 2, \ldots) \} \tag{6.2.1}$$

を得る. ここで, $\mathcal{P}_n$ の巡回指数 $Z(\mathcal{P}_n)$ は (4.6.8) で与えられている. $Z(\mathcal{P}_n; 2, 2, \ldots)$ は, (4.8.1) において $x = 1$ としたもので, 系 4.4.3 で与えた位数 n の非標識グラフの個数 $\mathfrak{g}_n$ そのものである. この個数は (4.4.10) においても見られる. $\mathfrak{a}_n$ を 2 倍した $2\mathfrak{a}_n$ について Read は次のように観察した.

(**Read の観察**)

- 非標識グラフが自己補グラフならば，それは重複（2 度）カウントされている．
- そうでなければ，ただ 1 度だけカウントされている．

したがって，位数 n の非標識自己補グラフの個数 $sc(n)$ は

$$sc(n) = 2\mathfrak{a}_n - \mathfrak{g}_n \tag{6.2.2}$$

で与えられることがわかる．$\mathfrak{g}_n = Z(\mathcal{P}_n; 2, 2, \ldots)$ であることから，(6.2.2) と (6.2.1) により次の結果を得る．

定理 6.2.1. 位数 n の非標識自己補グラフの個数 $sc(n)$ は

$$sc(n) = Z(\mathcal{P}_n; 0, 2, 0, 2, \ldots) \tag{6.2.3}$$

で与えられる．

$n \equiv 0, 1 \pmod 4$ であるときのみ $sc(n) > 0$ であることに注意せよ．次の表は Read [25] からの引用である．

n	4	5	8	9	12	13	16	17
$sc(n)$	1	2	10	36	720	5600	703760	11220000

6.3 Royle 予想

前節において，非標識自己補グラフの数え上げを Read [25] に従って考察した．それは，べき群数え上げ定理 5.1.3 を用いてであった．非標識自己補グラフの個数に関するたいへん興味ある等式が予想された．位数 n の非標識グラフのうち偶数個の辺を持つものの個数を $es(n)$，奇数個の辺を持つものの個数を $os(n)$ と書く．このとき，Gordon F. Royle は 2001 年に等式 (6.3.1) を予想し，エレガントな解答を求めた．この予想が正しいということを Nakamoto, Shirakura and Tazawa [21] が示した．この予想を定理として掲げる．

定理 6.3.1. 位数 n の非標識自己補グラフの個数 $sc(n)$ は等式

$$sc(n) = es(n) - os(n) \tag{6.3.1}$$

で与えられる．

この定理の証明には，少し準備が必要である．前章および本章の前節までは，R として $\{0,1\}$ を用意していたが，本節のみ 1 の代わりに -1 をとり，$R=\{0,-1\}$ を考える．したがって，D から R への写像 g について，$\{i,j\} \in D$ に対し，$g(\{i,j\})=-1$ のとき，かつそのときに限り 2 点 i と j は隣接している．また，R 上の対称群 $\mathfrak{S}_2$ の元 ι, ξ_1 に関し，ι は単位元で，ξ_1 は 0 と -1 を交換する置換である．

6.1 節における命題のうち，補題 6.1.4 以外の命題はそのまま成立する．定理 6.3.1 の証明のため，補題 6.1.4 を次のように書き換えておく．

補題 6.3.2. $\alpha \in \mathfrak{S}_n$ および位数 n の標識グラフ g に対し，g が $(\alpha';\iota)g = \overline{g}$ を満たす，すなわち $\alpha \in \mathfrak{S}_n^{[S]}(g)$ を満たす自己補グラフであるための必要十分条件は，各 $z \in \mathrm{dec}(\alpha')$ に対し，z の任意の要素 $\{i,j\}$ において

$$g(\{i,j\}) + g(z\{i,j\}) = -1 \tag{6.3.2}$$

が成り立つことである．

他に 2 つの補題を用意しよう．

補題 6.3.3. $\alpha \in \mathfrak{S}_n$ に対し，α' の巡回成分のうちある巡回成分の長さが奇数ならば，等式

$$\sum_{(\alpha';\iota)g=g} (-1)^{e(g)} = 0 \tag{6.3.3}$$

が成り立つ．ここで，$e(g)$ は g の大きさである．

証明. α' の巡回成分のうち長さが奇数のものの 1 つを z とし，z の長さを $|z|$ と書く．$(\alpha';\iota)$ により固定される 2 種類の $g_1, g_2 \in R^D$ を考える．これらの写像は，補題 4.4.1 により，α' の各巡回成分上で一定の値を持つ．z 上で異なった値を持ち，z 以外では同じ値を持つ g_1 と g_2 に対して，$(-1)^{e(g_1)} + (-1)^{e(g_2)} = 0$ が成り立つことを示せば十分である．

$(\alpha';\iota)$ により固定され，以下の条件を満たす 2 つの写像 g_1, g_2 を考える．

$$g_1(\{i,j\}) = -1, \ g_2(\{i,j\}) = 0 \quad \{i,j\} \in z$$
$$g_1(\{i,j\}) = g_2(\{i,j\}) \qquad\qquad \{i,j\} \notin z.$$

このとき，$|z|$ が奇数であるから，等式

$$(-1)^{e(g_1)} + (-1)^{e(g_2)} = ((-1)^{|z|} + (-1)^0)(-1)^{e(g_2)} = 0$$

が得られる．それゆえ，等式 (6.3.3) が成り立つ． ■

補題 6.3.4. $\alpha \in \mathfrak{S}_n^{[S]}$ に対して，

$$\left| \{g \in R^D | (\alpha'; \iota)g = g\} \right| = \left| \{g \in R^D | (\alpha'; \xi_1)g = g\} \right|$$

が成り立つ．

証明． $\alpha \in \mathfrak{S}_n^{[S]}$ に対して，$F_0(\alpha) = \{g \in R^D | (\alpha'; \iota)g = g\}$ とおき，また $F_1(\alpha) = \{g \in R^D | (\alpha'; \xi_1)g = g\}$ とおく．$\alpha \in \mathfrak{S}_n^{[S]}$ であるから，系 6.1.6 により，α' の各巡回成分の長さは偶数である．巡回置換は，よく知られているように，巡回的に書かれるのが普通であるが，それでもいくつかの書き方がある．たとえば，巡回置換 $(\{1,2\}, \{2,3\}, \{3,4\}, \{1,4\})$ は，$\{2,3\}$ を先頭にして表示したもの $(\{2,3\}, \{3,4\}, \{1,4\}, \{1,2\})$，$\{3,4\}$ を先頭にして表示したもの $(\{3,4\}, \{1,4\}, \{1,2\}, \{2,3\})$，また $\{1,4\}$ を先頭にして表示したもの $(\{1,4\}, \{1,2\}, \{2,3\}, \{3,4\})$ の 4 通りがある．このようにいろいろな書き表し方があるが，ここで各巡回成分の要素の順序は固定しておくことにする．$z = (\{i_1, j_1\}, \{i_2, j_2\}, \ldots, \{i_k, j_k\})$ を α' の巡回成分とする．ここで，k は偶数である．$f \in F_0(\alpha)$ を考える．このとき，f から写像 g を次のように構成しよう．f が巡回成分 z に対して，

$$f(\{i_1, j_1\}) = f(\{i_2, j_2\}) = \cdots = f(\{i_k, j_k\}) = -1 \tag{6.3.4}$$

を満たすならば，g として

$$g(\{i_1, j_1\}) = -1, g(\{i_2, j_2\}) = 0, g(\{i_3, j_3\}) = -1, g(\{i_4, j_4\}) = 0, \ldots, \tag{6.3.5}$$

とおく．他方，f が巡回成分 z に対して，

$$f(\{i_1, j_1\}) = f(\{i_2, j_2\}) = \cdots = f(\{i_k, j_k\}) = 0 \tag{6.3.6}$$

を満たすならば，g として

$$g(\{i_1,j_1\})=0,\ g(\{i_2,j_2\})=-1,\ g(\{i_3,j_3\})=0, g(\{i_4,j_4\})=-1,\ldots \quad (6.3.7)$$

とおく．α' の他の巡回成分についても上記の手続きを適用する．このとき，このようにして構成された標識グラフ g は，補題 6.3.2 により，標識自己補グラフであることがわかる．それゆえ，$g \in F_1(\alpha)$ である．

逆に，(6.3.5) あるいは (6.3.7) を満たす標識グラフ g に対し，(6.3.4) あるいは (6.3.6) をそれぞれ満たす標識グラフ f を構成する．このとき，補題 4.4.1 により，$f \in F_0(\alpha)$ である．それゆえ，各 $\alpha \in \mathfrak{S}_n^{[S]}$ に対し，$|F_0(\alpha)|=|F_1(\alpha)|$ が成り立つ． ∎

定理 6.3.1 の証明に進もう．$n=1,2$ について等式 (6.3.1) は明らかに成立するので，$n \geq 3$ を考える．べき群 $\mathfrak{S}_2^{\mathcal{P}_n}$ の軌道の個数 $\mathfrak{a}_n$ に関する公式を 6.2 節で与えた．ここでは，$\mathfrak{a}_n$ は定理 4.3.2 を用いて次のように表される．

$$\mathfrak{a}_n = \frac{1}{2(n!)} \sum_{(\alpha';\xi)\in\mathfrak{S}_2^{\mathcal{P}_n}} \left| \{g \in R^D | (\alpha';\xi)g = g\} \right|. \quad (6.3.8)$$

ここでも，Read の観察 (6.2 節) が適用される．したがって，位数 n の非標識自己補グラフの個数 $sc(n)$ は式 (6.2.2) すなわち $sc(n)=2\mathfrak{a}_n-\mathfrak{g}_n$ と書ける．ここで，再び定理 4.3.2 を用いて $\mathfrak{g}_n$ は

$$\mathfrak{g}_n = \frac{1}{n!} \sum_{(\alpha';\iota)\in\mathfrak{S}_2^{\mathcal{P}_n}} \left| \{g \in R^D | (\alpha';\iota)g = g\} \right| \quad (6.3.9)$$

と書ける．$n \geq 3$ であるから $\mathcal{P}_n$ と $\mathfrak{S}_n$ は群として同型であり，また $\mathfrak{S}_n^{[S]}$ の定義により，$sc(n)$ は

$$sc(n) = \frac{1}{n!} \sum_{\alpha\in\mathfrak{S}_n^{[S]}} \left| \{g \in R^D | (\alpha';\xi_1)g = g\} \right|. \quad (6.3.10)$$

と書かれる．

さて，

$$N = \frac{1}{n!} \sum_{\alpha\in\mathfrak{S}_n} \sum_{(\alpha';\iota)g=g} (-1)^{e(g)} \quad (6.3.11)$$

を考える．以降，N が 2 通りの仕方で書き表されることを見る．最初に，$N = sc(n)$ が成り立つことを示そう．それには，2 つの場合がある．

1) $n \not\equiv 0, 1 \pmod{4}$ を満たす正整数 n に対し，定理 6.1.1 により自己補グラフは存在しない．よって，$sc(n) = 0$ である．このことは，$\mathfrak{S}_n^{[S]} = \phi$ を意味する．$\mathfrak{S}_n$ のあらゆる元 α に関し，α' の巡回成分のうちある巡回成分の長さは奇数であることが，系 6.1.6 により見られる．補題 6.3.3 を (6.3.11) に適用して $N = 0$ を得る．$sc(n) = 0$ であるから，$N = sc(n)$ が成り立つ．

2) $n \equiv 0, 1 \pmod{4}$ を満たす正整数 n に対し，定理 6.1.1 により自己補グラフが存在する．このことは，$\mathfrak{S}_n^{[S]} \neq \phi$ を意味する．$\mathfrak{S}_n$ に関する $\mathfrak{S}_n^{[S]}$ の補集合 $\mathfrak{S}_n - \mathfrak{S}_n^{[S]}$ のあらゆる元 α に関し，α' の巡回成分のうちある巡回成分の長さは奇数であることが，系 6.1.6 により見られる．よって，補題 6.3.3 により，

$$N = \frac{1}{n!} \sum_{\alpha \in \mathfrak{S}_n^{[S]}} \sum_{(\alpha';\iota)g=g} (-1)^{e(g)} \tag{6.3.12}$$

を持つ．$\alpha \in \mathfrak{S}_n^{[S]}$ に対して，$(\alpha'; \iota)$ によって固定される標識グラフ g は α' の各巡回成分の上で一定の値を持つことが補題 4.4.1 で観察され，また，系 6.1.6 により α' の各巡回成分の長さが偶数ということで，g の大きさが偶数である．このことから，(6.3.12) が

$$N = \frac{1}{n!} \sum_{\alpha \in \mathfrak{S}_n^{[S]}} \Big| \{g \in R^D | (\alpha'; \iota)g = g\} \Big|$$

になることを意味している．補題 6.3.4 と (6.3.10) を用いて

$$N = \frac{1}{n!} \sum_{\alpha \in \mathfrak{S}_n^{[S]}} \Big| \{g \in R^D | (\alpha'; \xi_1)g = g\} \Big| = sc(n) \tag{6.3.13}$$

が得られる．

それゆえ，両方の場合とも等式

$$N = sc(n) \tag{6.3.14}$$

が成り立つ．

次に $N = es(n) - os(n)$ が成り立つことを示そう．(6.3.11) の右辺は $(\alpha'; \iota)g = g$ を満たす $\alpha \in \mathfrak{S}_n$ と $g \in R^D$ の対すべての上での和であるから，N は

$$N = \frac{1}{n!} \sum_{g \in R^D} \sum_{\alpha \in \Gamma(g)} (-1)^{e(g)} \tag{6.3.15}$$

と書かれる．ここで，$\Gamma(g)$ は標識グラフ g の自己同型群である．さらに，(6.3.15) の右辺は $\Gamma(g)$ の位数 $s(g)$ でもって

$$N = \frac{1}{n!} \sum_{g \in R^D} (-1)^{e(g)} s(g) \tag{6.3.16}$$

と書かれる．Ψ_n を位数 n の互いに同型でない（非標識）グラフすべてからなる集合とする．このとき，(6.3.16) は定理 3.1.1 に従って，

$$N = \frac{1}{n!} \sum_{g \in \Psi_n} (-1)^{e(g)} l(g) s(g) = \sum_{g \in \Psi_n} (-1)^{e(g)} \tag{6.3.17}$$

になり，(6.3.17) は

$$N = es(n) - os(n) \tag{6.3.18}$$

を与える．(6.3.14) と (6.3.18) から等式 (6.3.1) が得られ，定理 6.3.1 の証明が終わる．

Kobata and Ohno [18] は，Royle 予想を完全グラフの各辺に着色した場合に拡張したものに証明を与えた．

6.4 標識自己補グラフの数え上げ

前 2 つの節で，非標識自己補グラフの数え上げを考察してきた．本節では，未解決問題であった標識自己補グラフの数え上げ問題の考察を行う．この考察は，与えられた位数の標識自己補グラフの個数，自己補グラフの群の位数のリスト，これら群の位数をそれぞれ持つ標識，非標識自己補グラフの個数に関する公式を導いた．さらに，この考察は，6.2 節で取り扱った Read による公式 (6.2.3) を副産物として導出した．

標識自己補グラフをカウントするには，2.2 節で扱ったグラフのインデックスという概念が重要な役割を演ずる．なぜならば，2.2 節の最後のところで触れたように標識自己補グラフはその補グラフと同型であるが，異なったインデックスを持つからである．

本節では，再び R として $\{0,1\}$ をとる．まず，自己補グラフのインデックスに関し，次の補題を用意する．ここで，2.2 節で準備した点の対に関する記号を再録する．$\binom{V}{2}$ の各元 $\{i,j\}$ を，$i<j$ のときは ij，$i>j$ のときは ji と書くことにする．

128   第6章 自己補グラフ

補題 6.4.1. $\alpha \in \mathfrak{S}_n$ および位数 n の標識グラフ g に対し，g が $(\alpha'; \iota)g = \overline{g}$ を満たす，すなわち $\alpha \in \mathfrak{S}_n^{[S]}(g)$ を満たす標識自己補グラフであるための必要十分条件は，各 $z \in \mathrm{dec}(\alpha')$ に対し，z の任意の要素 ij において

$$N_{ij}^{(2)}(g) + N_{z(ij)}^{(2)}(g) = 1 \tag{6.4.1}$$

が成り立つことである．

この補題は，補題 6.1.4 に対応するものである．

6.4.1　自己補グラフを数える

本項では，整数 n として，$n \equiv 0, 1 \pmod 4$ および $n \geqq 4$ を満たす n を考える．$\alpha \in \mathfrak{S}_n^{[S]}$ に対して，系 6.1.6 で見られるように，$\mathrm{dec}(\alpha')$ における各巡回成分の長さはつねに偶数である．巡回成分 $z \in \mathrm{dec}(\alpha')$ をとり，z を $z = (i_1j_1, i_2j_2, \ldots, i_{k-1}j_{k-1}, i_kj_k)$ によって表す．巡回成分の表し方は，補題 6.3.4 の証明の中で見たように，いろいろな書き方があるけれども，ここでは，z の各要素の λ（λ は (2.2.1) で定義されている）による値として最大となる要素を z の先頭に配置することにする．$P_1(z) = \{i_1j_1, i_3j_3, \ldots, i_{k-1}j_{k-1}\}$ を z における奇数番目の位置にある要素の集合とし，$P_2(z) = \{i_2j_2, i_4j_4, \ldots, i_kj_k\}$ を z における偶数番目の位置にある要素の集合とする．このとき，$ij \in z$ に対し

$$ij \in P_1(z) \iff z(ij) \in P_2(z)$$

が成り立つことに注意しよう．$\alpha \in \mathfrak{S}_n^{[S]}$ をとり，各 $z \in \mathrm{dec}(\alpha')$ に対し，

$$\Lambda_1(z) = \sum_{ij \in P_1(z)} \lambda(ij), \qquad \Lambda_2(z) = \sum_{ij \in P_2(z)} \lambda(ij) \tag{6.4.2}$$

を考える．このとき，$\alpha \in \mathfrak{S}_n^{[S]}$ に x を変数とする次の多項式が対応する．

$$U_\alpha^{(n)}(x) = \prod_{z \in \mathrm{dec}(\alpha')} u_z^{(n)}(x). \tag{6.4.3}$$

ここで，

$$u_z^{(n)}(x) = x^{\Lambda_1(z)} + x^{\Lambda_2(z)} \qquad z \in \mathrm{dec}(\alpha') \tag{6.4.4}$$

である．$U_\alpha^{(n)}(x)$ を $\mathfrak{S}_n^{[S]}$ の上で和をとった多項式

$$U^{(n)}(x) = \sum_{\alpha \in \mathfrak{S}_n^{[S]}} U_\alpha^{(n)}(x) \tag{6.4.5}$$

を考えよう．

ここで，多項式の表示の取り決めをしよう．多項式 $f(x)$ を考えよう．このとき，非負整数 k に対し，$f(x)$ において x^k の係数 a_k が 0 でないならば，$a_k x^k$ は $f(x)$ の項であり，$x^k \vDash f(x)$ と書く．特に，$f(x)$ が定数項を持つならば，その項を $x^0 \vDash f(x)$ と書く．他方，$a_k x^k$ が $f(x)$ の項として現れないならば，すなわち $x^k \nvDash f(x)$ ならば，x^k の係数 a_k は 0 であると理解しよう．たとえば，多項式 $f(x) = (3+x^2)(4+2x^3)$ を考えよう．このとき，$f(x) = 12+4x^2+6x^3+2x^5$ であるから，$x^0 \vDash f(x)$，$x^2 \vDash f(x)$ $x^3 \vDash f(x)$，$x^5 \vDash f(x)$ であることが観察できる．しかしながら，$x \nvDash f(x)$，$x^4 \nvDash f(x)$，$x^6 \nvDash f(x)$ である．

$lsc(n) = |\mathcal{S}_n|$ を位数 n の標識自己補グラフの個数とする．$\mathcal{L}^{(n)} = \{L \,|\, x^L \vDash U^{(n)}(x)\}$ とおく．まず次の補題を示す．

補題 6.4.2. 任意の $g \in \mathcal{S}_n$ に対し，$N(g) \in \mathcal{L}^{(n)}$ である．

証明． $g \in \mathcal{S}_n$ に対して，$(\alpha'; \iota)g = \overline{g}$ を満たす $\alpha \in \mathfrak{S}_n^{[S]}$ が存在する．g のインデックス $N(g)$ が各 $z \in \mathrm{dec}(\alpha')$ に対し，z の任意の要素 ij において

$$N^{(2)}_{ij}(g) + N^{(2)}_{z(ij)}(g) = 1 \qquad (6.4.6)$$

を満たすことが補題 6.4.1 に従ってわかる．$z \in \mathrm{dec}(\alpha')$ に対して，$P(z) = \{ij \in z \,|\, N^{(2)}_{ij}(g) = 1\}$ とおくと，$P(z)$ が $P_1(z)$ あるいは $P_2(z)$ のいずれかに一致することが (6.4.6) よりわかる．さらに，$z \in \mathrm{dec}(\alpha')$ に対し，$\Lambda(z) = \sum_{ij \in P(z)} \lambda(ij)$ とおくならば，$N(g) = \sum_{z \in \mathrm{dec}(\alpha')} \Lambda(z)$ が成り立つことを確かめるのはやさしい．したがって，$\prod_{z \in \mathrm{dec}(\alpha')} x^{\Lambda(z)} = x^{N(g)}$ は $U^{(n)}_\alpha(x)$ の展開式における項である．このことは，$x^{N(g)} \vDash U^{(n)}(x)$，すなわち $N(g) \in \mathcal{L}^{(n)}$ を意味している．∎

逆に次の補題が成立する．

補題 6.4.3. 任意の $L \in \mathcal{L}^{(n)}$ に対し，$N(g) = L$ を満たす $g \in \mathcal{S}_n$ が存在する．

証明． $L \in \mathcal{L}^{(n)}$ であるから，(6.4.5) によりある $\alpha \in \mathfrak{S}_n^{[S]}$ に対し，$x^L \vDash U^{(n)}_\alpha(x)$ である．$n \geqq 4$ としているから，$L \neq 0$ ということを銘記しておく．$\mathrm{dec}(\alpha') = \{z_1, z_2, \ldots, z_k\}$ とおき，また $I = \{1, 2\}$ とおく．このとき，(6.4.3) の観察から

ある k 組 $(l_1, l_2, \ldots, l_k) \in \underbrace{I \times I \times \cdots \times I}_{k}$ が存在して $L = \Lambda_{l_1}(z_1) + \Lambda_{l_2}(z_2) + \cdots + \Lambda_{l_k}(z_k)$ である. L の 2 進数 $L^{(2)}$ が次の事柄を満たしている. これは簡単に示される.

$$L_{ij}^{(2)} = 1, \ \forall ij \in P_{l_1}(z_1) \cup P_{l_2}(z_2) \cup \cdots \cup P_{l_k}(z_k)$$
$$L_{ij}^{(2)} = 0, \ \forall ij \in P_{l'_1}(z_1) \cup P_{l'_2}(z_2) \cup \cdots \cup P_{l'_k}(z_k).$$

ここで, $l'_h \neq l_h$, $l'_h \in I$ ($h = 1, 2, \ldots, k$) である. g を $\{ij \in \binom{V}{2} \mid L_{ij}^{(2)} = 1\}$ を辺集合に持つ V 上標識グラフとするならば, g のインデックス $N(g)$ は L であり, 補題 6.4.1 は g が $\alpha \in \mathfrak{S}_n^{[S]}(g)$ を満たす標識自己補グラフであることを教えている. それゆえ, $g \in \mathcal{S}_n$ である. ∎

補題 6.4.3 と補題 6.4.2 から, $N(\mathcal{S}_n) = \mathcal{L}^{(n)}$ であることがわかり, 定理 2.2.1 により, N は全単射であるから, N を $\mathcal{S}_n$ に制限した関数 $N|\mathcal{S}_n$ ($\mathcal{S}_n$ から $\mathcal{L}^{(n)}$ への関数) は全単射である. それゆえ, 次の定理を持つ.

定理 6.4.4. 等式 $lsc(n) = |\mathcal{L}^{(n)}|$ が成り立つ.

この定理は位数 n の標識自己補グラフの個数が多項式 $U^{(n)}(x)$ の項数に等しいことを示している. $\alpha \in \mathfrak{S}_n^{[S]}$ に対し, $U_\alpha^{(n)}(x)$ の展開式における x^L の係数を $d_L^{(\alpha)}$ と書く. また, $U^{(n)}(x)$ の展開式における x^L の係数を d_L と書く. このとき, 等式

$$d_L = \sum_{\alpha \in \mathfrak{S}_n^{[S]}} d_L^{(\alpha)} \tag{6.4.7}$$

は (6.4.5) からの直接の結果である. $|\mathfrak{S}_n^{[S]}| \times lsc(n)$ の行列 $M(\mathcal{S}_n) = ||d_L^{(\alpha)}||$ を考える. ここで, 各行は $\alpha \in \mathfrak{S}_n^{[S]}$ に対応しており, 各列は $g \in \mathcal{S}_n$ に対応している. ただし, $x^L \nvDash U_\alpha^{(n)}(x)$ のときは $d_L^{(\alpha)} = 0$ である. $g \in \mathcal{S}_n$ に対応する列を $N(g)$-列と呼ぶことにする. というのは, $\mathcal{G}_n$ から $\mathfrak{N}_n$ への関数 N は, 定理 2.2.1 で見られるように, 全単射であるからである.

性質 6.4.5. 行列 $M(\mathcal{S}_n)$ において, もし $d_L^{(\alpha)} \neq 0$ であれば, $d_L^{(\alpha)} = 1$ が成り立つ.

証明. $\alpha \in \mathfrak{S}_n^{[S]}$ を考える. $d_L^{(\alpha)} \neq 0$ であるから, $x^L \vDash U_\alpha^{(n)}(x)$ であるということをまず銘記しよう. また, $n \geqq 4$ としているから, $L \neq 0$ ということも同

6.4 標識自己補グラフの数え上げ　131

時に銘記しよう．$\operatorname{dec}(\alpha') = \{z_1, z_2, \ldots, z_k\}$ とおき，また $I = \{1, 2\}$ とおく．このとき，(6.4.3) の観察からある k 組 $(l_1, l_2, \ldots, l_k) \in \underbrace{I \times I \times \cdots \times I}_{k}$ が存在して $L = \Lambda_{l_1}(z_1) + \Lambda_{l_2}(z_2) + \cdots + \Lambda_{l_k}(z_k)$ である．補題 6.4.3 の証明の中からわかるように，$\{ij \mid ij \in P_{l_1}(z_1) \cup P_{l_2}(z_2) \cup \cdots \cup P_{l_k}(z_k)\}$ を辺集合として持つ標識グラフ g について，インデックス $N(g)$ は L であり，$\alpha \in \mathfrak{S}_n^{[S]}(g)$ を満たす標識自己補グラフである．

もう 1 つの k 組 $(l_1^*, l_2^*, \ldots, l_k^*) \in \underbrace{I \times I \times \cdots \times I}_{k}$ に対し，$L = \Lambda_{l_1^*}(z_1) + \Lambda_{l_2^*}(z_2) + \cdots + \Lambda_{l_k^*}(z_k)$ であったとする．再び，補題 6.4.3 の証明の中からわかるように，$\{ij \mid ij \in P_{l_1^*}(z_1) \cup P_{l_2^*}(z_2) \cup \cdots \cup P_{l_k^*}(z_k)\}$ を辺集合として持つ標識グラフ g^* はまたインデックス L を持つ標識自己補グラフであることがわかる．結局，定理 2.2.1 により $g = g^*$ であることがわかる．このことは，$L = \Lambda_{l_1}(z_1) + \Lambda_{l_2}(z_2) + \cdots + \Lambda_{l_k}(z_k)$ を満たす k 組 $(l_1, l_2, \ldots, l_k) \in \underbrace{I \times I \times \cdots \times I}_{k}$ はただ 1 つであることを意味している．それゆえ，$d_L^{(\alpha)} = 1$ である．∎

性質 6.4.5 は，$\alpha \in \mathfrak{S}_n^{[S]}$ に対し $U_\alpha^{(n)}(x)$ のあらゆる係数が 1 であることを述べている．

性質 6.4.6. $x^L \models U^{(n)}(x)$ の係数 d_L はインデックス L を持つ標識自己補グラフの自己同型群の位数に等しい．

証明. 行列 $M(\mathcal{S}_n)$ において，(6.4.7) は第 L 列目の和を表している．第 L 列は $N(g) = L$ となるインデックスを持つ標識自己補グラフ g に対応している．(6.4.7) は $\mathfrak{S}_n^{[S]}(g)$ の上での和，すなわち $d_L = \sum_{\alpha \in \mathfrak{S}_n^{[S]}(g)} d_L^{(\alpha)}$ と書き直すことができる．性質 6.4.5 を適用して，$d_L = |\mathfrak{S}_n^{[S]}(g)|$ を得る．それゆえ，系 6.1.8 から $d_L = |\Gamma(g)|$ を得る．∎

ここで，2 つの集合を定める．すなわち，$\mathcal{O}(\mathcal{S}_n) = \{|\Gamma(g)| \mid g \in \mathcal{S}_n\}$ と $\mathcal{D}(\mathcal{S}_n) = \{d_L \mid x^L \models U^{(n)}, d_L$ は $U^{(n)}$ の展開式における x^L の係数 $\}$．このとき，性質 6.4.6 は次の定理を与える．この定理は位数 n の各自己補グラフの自己同型群の位数のリストが $U^{(n)}(x)$ を展開することにより得られるということを述べている．

定理 6.4.7. 等式 $\mathcal{O}(\mathcal{S}_n) = \mathcal{D}(\mathcal{S}_n)$ が成り立つ．

$\rho \in \mathcal{O}(\mathcal{S}_n)$ に対し，自己同型群の位数が ρ である $\mathcal{S}_n$ の元（標識自己補グラフ）の個数を $lsc(n; \rho)$ で表す．また，自己同型群の位数が ρ である位数 n の非標識自己補グラフの個数を $s_\rho^{(n)}$ で表す．正整数 ρ に対し，集合 $\mathcal{L}_\rho(\mathcal{S}_n) = \{L | x^L \vDash U^{(n)}(x), x^L \text{ の係数が } \rho \text{ に等しい}\}$ を定める．このとき，以下に述べる 3 つの定理を持つ．

定理 6.4.8. 等式

$$lsc(n; \rho) = |\mathcal{L}_\rho(\mathcal{S}_n)| \qquad \rho \in \mathcal{D}(\mathcal{S}_n) \tag{6.4.8}$$

が成立する．

証明． $\rho \in \mathcal{O}(\mathcal{S}_n)$ に対し，ρ を群の位数に持つ $\mathcal{S}_n$ の元の集合を $\mathcal{S}_n^{(\rho)}$ と書く．このとき，もちろん $lsc(n; \rho) = |\mathcal{S}_n^{(\rho)}|$ である．各 $g \in \mathcal{S}_n^{(\rho)}$ に行列 $M(\mathcal{S}_n)$ におけるただ 1 つの列が対応する．性質 6.4.6 により，その列の列和は ρ である．つまり，$\mathcal{S}_n^{(\rho)}$ には，列和が ρ である列の集合が対応する．この集合と $\mathcal{L}_\rho(\mathcal{S}_n)$ の間には 1：1 の対応がある．このことは，性質 6.4.5 の証明の中からわかる．以上のことから，$\mathcal{S}_n^{(\rho)}$ と $\mathcal{L}_\rho(\mathcal{S}_n)$ の間に 1：1 の対応があることがわかる．定理 6.4.7 により，$\rho \in \mathcal{D}(\mathcal{S}_n)$ であるから，それゆえ，等式 (6.4.8) を得る． ■

位数 n の標識自己補グラフのうち群の位数が ρ であるものは $lsc(n; \rho)$ 個あり，それらは $\mathcal{L}_\rho(\mathcal{S}_n)$ の元を 2 進数に変換することにより描写されることができる．それは，例 2.2.1 により理解できるものである．

定理 6.4.9. 等式

$$s_\rho^{(n)} = \frac{\rho}{n!} |\mathcal{L}_\rho(\mathcal{S}_n)| \qquad \rho \in \mathcal{D}(\mathcal{S}_n) \tag{6.4.9}$$

が成立する．

証明． 定理 3.1.2 における性質 P として，$\mathcal{S}_n$ に属する標識自己補グラフのうち，その群の位数が ρ であるという性質を考える．このとき，$lsc(n; \rho)$ の定義から $|\mathcal{K}_\rho(P)| = lsc(n; \rho)$ である．それゆえ，定理 3.1.2 を用い，定理 6.4.7 および定理 6.4.8 に留意して，等式 (6.4.9) が得られる． ■

6.4 標識自己補グラフの数え上げ　133

　位数 n の非標識自己補グラフの個数 $sc(n)$ に関する公式は Read [25] によって与えられた（定理 6.2.1 参照）．しかし，ここでは，$sc(n)$ に関するもう 1 つの公式を導く．この導き方は Read の方法とは異なった仕方で，標識自己補グラフの数え上げの考察の過程によるものである．$sc(n)$ に関するもう 1 つの公式を次の定理で与える．

定理 6.4.10. 位数 n の非標識自己補グラフの個数 $sc(n)$ は

$$sc(n) = \sum_{\rho \in \mathcal{D}(\mathcal{S}_n)} \frac{\rho}{n!} |\mathcal{L}_\rho(\mathcal{S}_n)| \tag{6.4.10}$$

によって与えられる．

証明． $sc(n) = \displaystyle\sum_{\rho \in \mathcal{O}(\mathcal{S}_n)} s_\rho^{(n)}$ であるから，定理 6.4.7 と定理 6.4.9 を用いて等式 (6.4.10) を得る． ∎

例 6.4.1. 点集合 $V = \{1, 2, 3, 4, 5\}$ 上の位数 5 の標識自己補グラフの数え上げを考えてみよう．このとき，定理 6.1.5 により，$\mathfrak{S}_5^{[S]}$ に属する各置換は長さ 4 の巡回成分と長さ 1 の巡回成分の積である．だから，(4.4.6) により $|\mathfrak{S}_5^{[S]}| = 30$ である．たとえば，$\mathfrak{S}_5^{[S]}$ における置換として $\begin{pmatrix} 1 & 2 & 3 & 4 & 5 \\ 2 & 3 & 4 & 1 & 5 \end{pmatrix} = (1234)(5)$ をとる．この置換は $\binom{V}{2}$ 上の置換 $(12, 23, 34, 14)(13, 24)(15, 25, 35, 45)$ を誘導する．置換 $(1234)(5)$ に対応する多項式は

$$U^{(5)}_{(1234)(5)}(x) = (x^{516} + x^{160})(x^{256} + x^{16})(x^{66} + x^9)$$

である．$\alpha \in \mathfrak{S}_5^{[S]}$ について，$U_\alpha^{(5)}(x)$ の和をとると，次の多項式が得られる．

$$\begin{aligned}
U^{(5)}(x) = {} & 2x^{87} + 2x^{93} + 2x^{103} + 2x^{110} + 2x^{121} + 2x^{122} + 2x^{143} + 2x^{155} \\
& + 2x^{167} + 2x^{182} + 2x^{185} + 2x^{188} + 2x^{205} + 2x^{211} + 10x^{236} + 10x^{242} \\
& + 2x^{271} + 2x^{279} + 2x^{299} + 2x^{309} + 2x^{314} + 2x^{316} + 2x^{334} + 10x^{348} \\
& + 2x^{355} + 10x^{369} + 2x^{406} + 10x^{410} + 2x^{421} + 10x^{425} + 2x^{457} + 2x^{458} \\
& + 2x^{465} + 2x^{468} + 2x^{482} + 2x^{484} + 2x^{539} + 2x^{541} + 2x^{555} + 2x^{558} \\
& + 2x^{565} + 2x^{566} + 10x^{598} + 2x^{602} + 10x^{613} + 2x^{617} + 10x^{654} + 2x^{668}
\end{aligned}$$

$$+ 10x^{675} + 2x^{689} + 2x^{707} + 2x^{709} + 2x^{714} + 2x^{724} + 2x^{744} + 2x^{752}$$
$$+ 10x^{781} + 10x^{787} + 2x^{812} + 2x^{818} + 2x^{835} + 2x^{838} + 2x^{841} + 2x^{856}$$
$$+ 2x^{868} + 2x^{880} + 2x^{901} + 2x^{902} + 2x^{913} + 2x^{920} + 2x^{930} + 2x^{936}.$$

多項式 $U^{(5)}(x)$ を観察してみよう.

- **(a)** $U^{(5)}(x)$ の項の個数は 72 であるから, $lsc(5) = 72$ である (定理 6.4.4 による).
- **(b)** 位数 5 の自己補グラフの自己同型群の位数のリストは $\{2, 5\}$ である. それは $U^{(5)}(x)$ の係数が 2 と 5 であるからである (定理 6.4.7 による).
- **(c)** $lsc(5; 2) = 60$ であり, また $lsc(5; 10) = 12$ である. それは, $U^{(5)}(x)$ において係数 2 を持つ項の個数が 60 であり, 係数 10 を持つ項の個数が 12 であるからである (定理 6.4.8 による).
- **(d)** $U^{(5)}(x)$ において, x^{936} の係数が 2 であり, x^{787} の係数が 10 である. 936 の 2 進数が 1110101000 であり, 787 の 2 進数が 1100010011 であるから, 例 2.2.1 で見られるように, インデックス 936 と 787 を持つそれぞれの標識自己補グラフを描くことができる. 図 6.3 はインデックス 936 を持ち自己同型群の位数が 2 である標識自己補グラフで, 図 6.4 はインデックス 787 を持ち自己同型群の位数が 10 である標識自己補グラフである.
- **(e)** $s_2^{(5)} = 1$ であり, また $s_{10}^{(5)} = 1$ である. それは $U^{(5)}(x)$ において, $|\mathcal{L}_2(\mathcal{S}_5)| = 60$ であり, $|\mathcal{L}_{10}(\mathcal{S}_5)| = 12$ であるからである (定理 6.4.9 による).
- **(f)** $sc(5) = 2$ である. それは, $s_2^{(5)} = s_{10}^{(5)} = 1$ であるからである (定理 6.4.10 による).

本節の最後として, 自己補グラフの個数に関する数値例を示す. 数値例は $n \equiv 0, 1 \pmod{4}$ を満たす位数 n について $n = 4, 5, 8, 9$ の場合である. 表 6.1 は標識自己補グラフに対する数値例である. 表 6.1 における $(\rho, lsc(n; \rho))$ は群の位数 ρ を持つ位数 n の標識自己補グラフの個数 $lsc(n; \rho)$ を示している. 表 6.1 の最後の列は位数 n の標識自己補グラフの個数 $lsc(n)$ を与えている.

他方, 表 6.2 は, 表 6.1 に対比するもので, 非標識自己補グラフに対する数値例である. 表 6.2 における $(\rho, s_\rho^{(n)})$ は群の位数 ρ を持つ位数 n の非標識自

6.4 標識自己補グラフの数え上げ 135

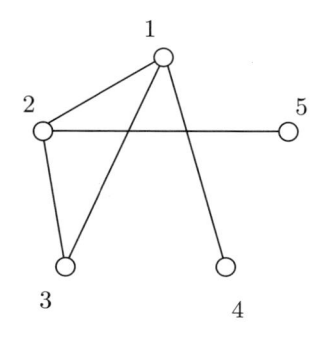

図 6.3 インデックス 936 の標識自己補グラフ

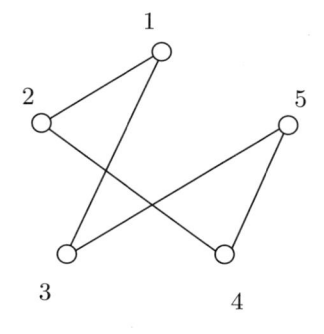

図 6.4 インデックス 787 の標識自己補グラフ

表 6.1 標識自己補グラフ

n	$(\rho, lsc(n; \rho))$	$lsc(n)$
4	$(2, 12)$	12
5	$(2, 60), (10, 12)$	72
8	$(2, 60480), (4, 20160), (8, 15120), (32, 2520)$	98280
9	$(2, 3265920), (4, 544320), (8, 226800), (20, 36288), (32, 45360), (72, 5040)$	4123728

表 6.2 非標識自己補グラフ

n	$(\rho, s_\rho^{(n)})$	$sc(n)$
4	$(2, 1)$	1
5	$(2, 1), (10, 1)$	2
8	$(2, 3), (4, 2), (8, 3), (32, 2)$	10
9	$(2, 18), (4, 6), (8, 5), (20, 2), (32, 4), (72, 1)$	36

己補グラフの個数 $s_\rho^{(n)}$ を示している．表 6.2 の最後の列は位数 n の非標識自己補グラフの個数 $sc(n)$ を与えている．

付録 A

補題 1.5.5 の証明

証明は Riordan [30, p.18] からの引用である.

$$A_n(x,y;p,q) = \sum_{k=0}^{n} \binom{n}{k}(x+k)^{k+p}(y+n-k)^{n-k+q} \tag{A.0.1}$$

とおき, 最初に次の 3 つの関係式を示そう.

$$A_n(x,y;p,q) = A_n(y,x;q,p) \tag{A.0.2}$$

$$A_n(x,y;p,q) = A_{n-1}(x,y+1;p,q+1) + A_{n-1}(x+1,y;p+1,q) \tag{A.0.3}$$

$$A_n(x,y;p,q) = xA_{n-1}(x,y+1;p-1,q+1) + (x+n)A_{n-1}(x+1,y;p,q) \tag{A.0.4}$$

$$A_n(x,y;-1,0) = yA_{n-1}(y,x+1;-1,0) + (y+n)A_{n-1}(x,y+1;-1,0). \tag{A.0.5}$$

まず, (A.0.2) を示す. (A.0.1) において, x と y を, p と q を交換して

$$A_n(y,x;q,p) = \sum_{k=0}^{n} \binom{n}{n-k}(y+k)^{k+q}(x+n-k)^{n-k+p}$$

と書け, $n-k=l$ と置き換えて

$$A_n(y,x;q,p) = \sum_{l=0}^{n} \binom{n}{l}(y+n-l)^{n-l+q}(x+l)^{l+p}$$

を得る．再び，l を k で置き換えることにより，等式 (A.0.2) が得られる．

次に (A.0.3) を示す．$\binom{n}{k} = \binom{n-1}{k} + \binom{n-1}{k-1}$ であるから

$$A_n(x,y;p,q) = A^{(1)} + A^{(2)} \tag{A.0.6}$$

と書ける．ここで，

$$A^{(1)} = \sum_{k=0}^{n} \binom{n-1}{k}(x+k)^{k+p}(y+n-k)^{n-k+q}$$

$$A^{(2)} = \sum_{k=0}^{n} \binom{n-1}{k-1}(x+k)^{k+p}(y+n-k)^{n-k+q}$$

である．$A^{(1)}, A^{(2)}$ は

$$A^{(1)} = \sum_{k=0}^{n-1} \binom{n-1}{k}(x+k)^{k+p}(y+1+n-1-k)^{n-1-k+q+1}$$

$$A^{(2)} = \sum_{k=0}^{n-1} \binom{n-1}{k}(x+1+k)^{k+p+1}(y+n-1-k)^{n-1-k+q}$$

書き直される．ここで，(1.4.5) を適用している．したがって，

$$A^{(1)} = A_{n-1}(x, y+1; p, q+1), \quad A^{(2)} = A_{n-1}(x+1, y; p+1, q)$$

であることがわかり，等式 (A.0.3) が導かれる．

次に，(A.0.4) を示すことに進もう．$(x+k)^{k+p} = (x+k)(x+k)^{k-1+p}$ と書き直し，$k\binom{n}{k} = n\binom{n-1}{k-1}$ に注意して

$$A_n(x,y;p,q) = x\sum_{k=0}^{n}\binom{n}{k}(x+k)^{k+p-1}(y+n-k)^{n-k+q}$$

$$+ \sum_{k=1}^{n} n\binom{n-1}{k-1}(x+k)^{k-1+p}(y+n-k)^{n-k+q}$$

となることがわかり

$$A_n(x,y;p,q) = xA_n(x,y;p-1,q) + nA_{n-1}(x+1,y;p,q) \tag{A.0.7}$$

が得られる．この式の右辺の第 1 項に (A.0.3) を適用して (A.0.4) を得る．

最後に，(A.0.5) を示す．(A.0.4) に $p=0, q=-1$ を代入して

$$A_n(x,y;0,-1) = xA_{n-1}(x,y+1;-1,0) + (x+n)A_{n-1}(x+1,y;0,-1) \quad (A.0.8)$$

が得られる．(A.0.8) の左辺および右辺の第 2 項に (A.0.2) を適用して

$$A_n(y,x;-1,0) = xA_{n-1}(x,y+1;-1,0) + (x+n)A_{n-1}(y,x+1;-1,0) \quad (A.0.9)$$

を得る．(A.0.9) において x と y を交換することにより等式 (A.0.5) が得られる．

さて，以上の準備の下に等式 (1.5.18) を証明しよう．(A.0.5) の左辺 $A_n(x,y;-1,0)$ が (1.5.18) の右辺に一致しているから，

$$A_n(x,y;-1,0) = \frac{(x+y+n)^n}{x} \quad (A.0.10)$$

の成立を示せば十分である．等式 (A.0.10) を n に関する帰納法で示す．$A_0(x,y;-1,0) = \frac{1}{x}$ であるから，$n=0$ の場合明らかに (A.0.10) は成立する．$n \geq 1$ に対し，$0 \leq k \leq n-1$ となる任意の整数 k に対し，(A.0.10) が成り立つと仮定する．(A.0.5) の右辺の第 1 項，第 2 項はそれぞれ，帰納法の仮定により，

$$yA_{n-1}(y,x+1;-1,0) = y\frac{(y+x+1+n-1)^{n-1}}{y} \quad (A.0.11)$$

$$(y+n)A_{n-1}(x,y+1;-1,0) = (y+n)\frac{(x+y+1+n-1)^{n-1}}{x} \quad (A.0.12)$$

となり，これらの式の右辺の和は $\frac{(x+y+n)^n}{x}$ となるから，(A.0.5) により等式 (A.0.10) が成立することがわかる．

補題 1.5.5 の証明終わり．

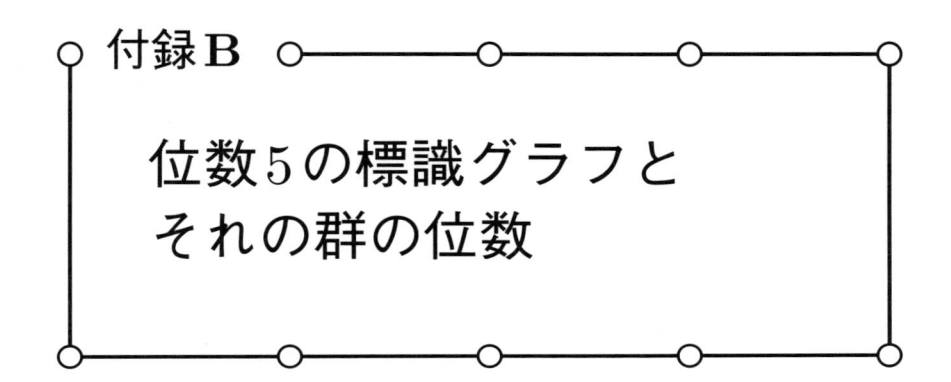

付録B 位数5の標識グラフとそれの群の位数

B.1 位数5の標識グラフ

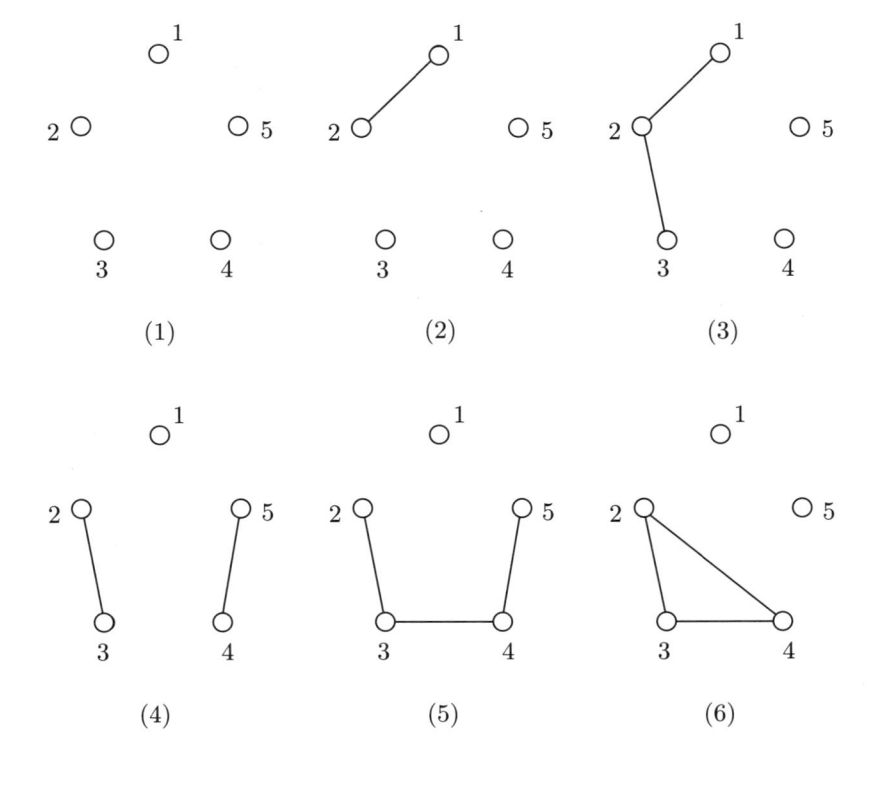

(1) (2) (3)

(4) (5) (6)

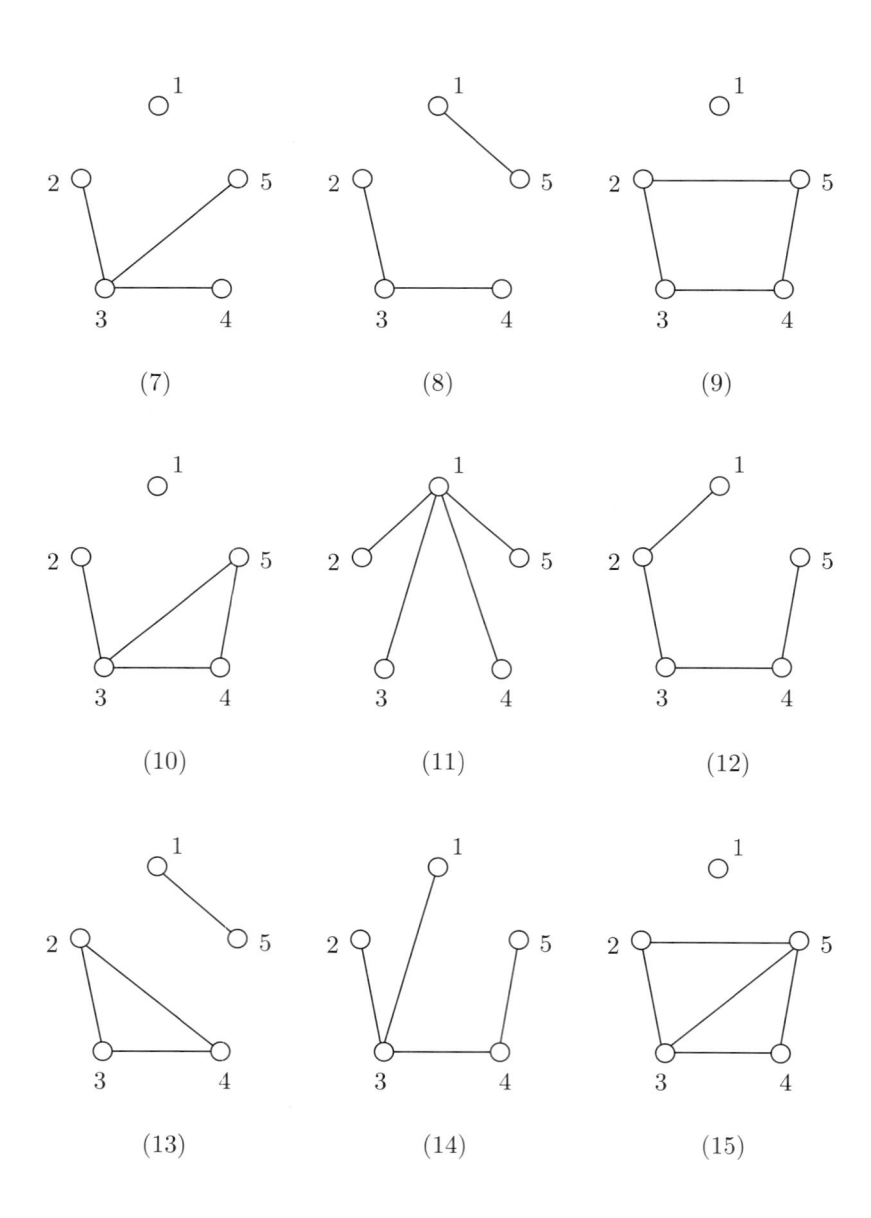

142　付録 B　位数 5 の標識グラフとそれの群の位数

(7)

(8)

(9)

(10)

(11)

(12)

(13)

(14)

(15)

B.1 位数5の標識グラフ　143

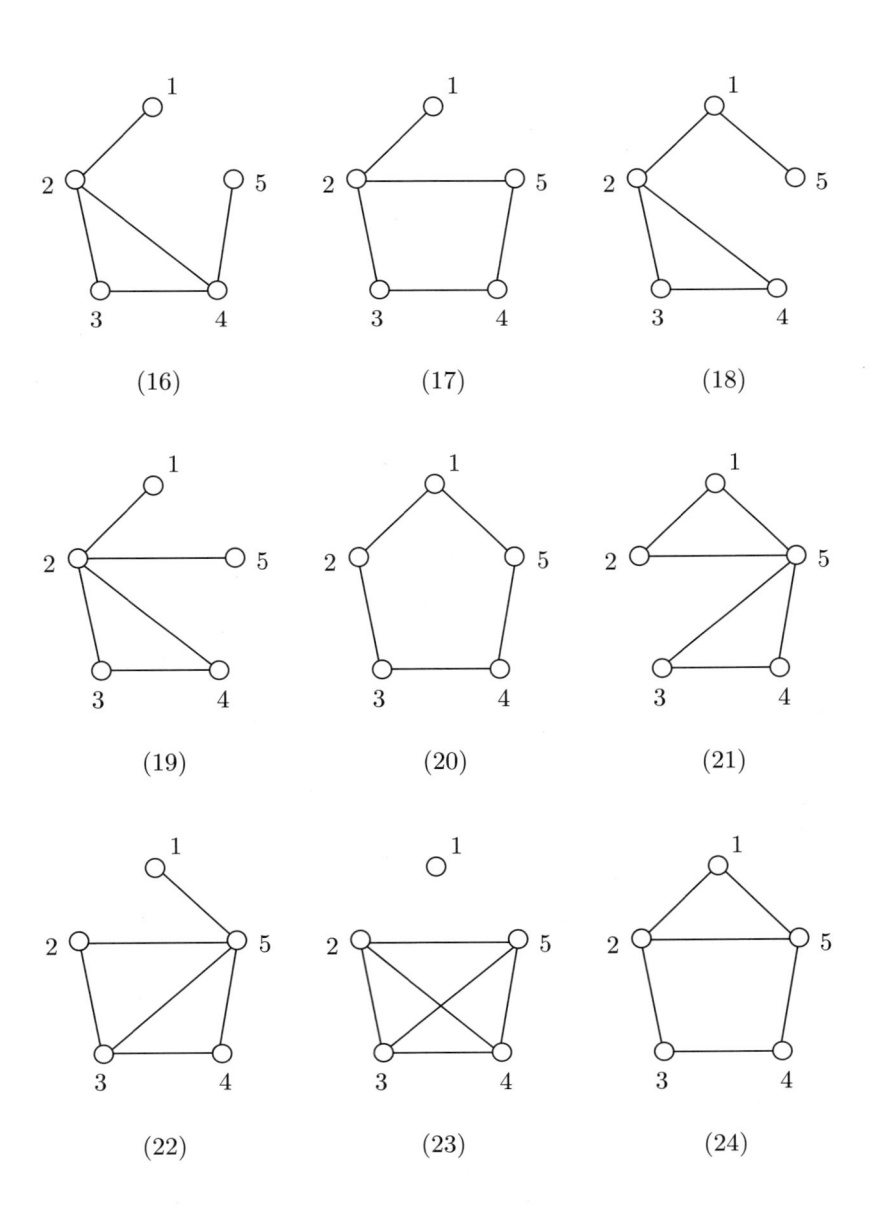

(16)　(17)　(18)

(19)　(20)　(21)

(22)　(23)　(24)

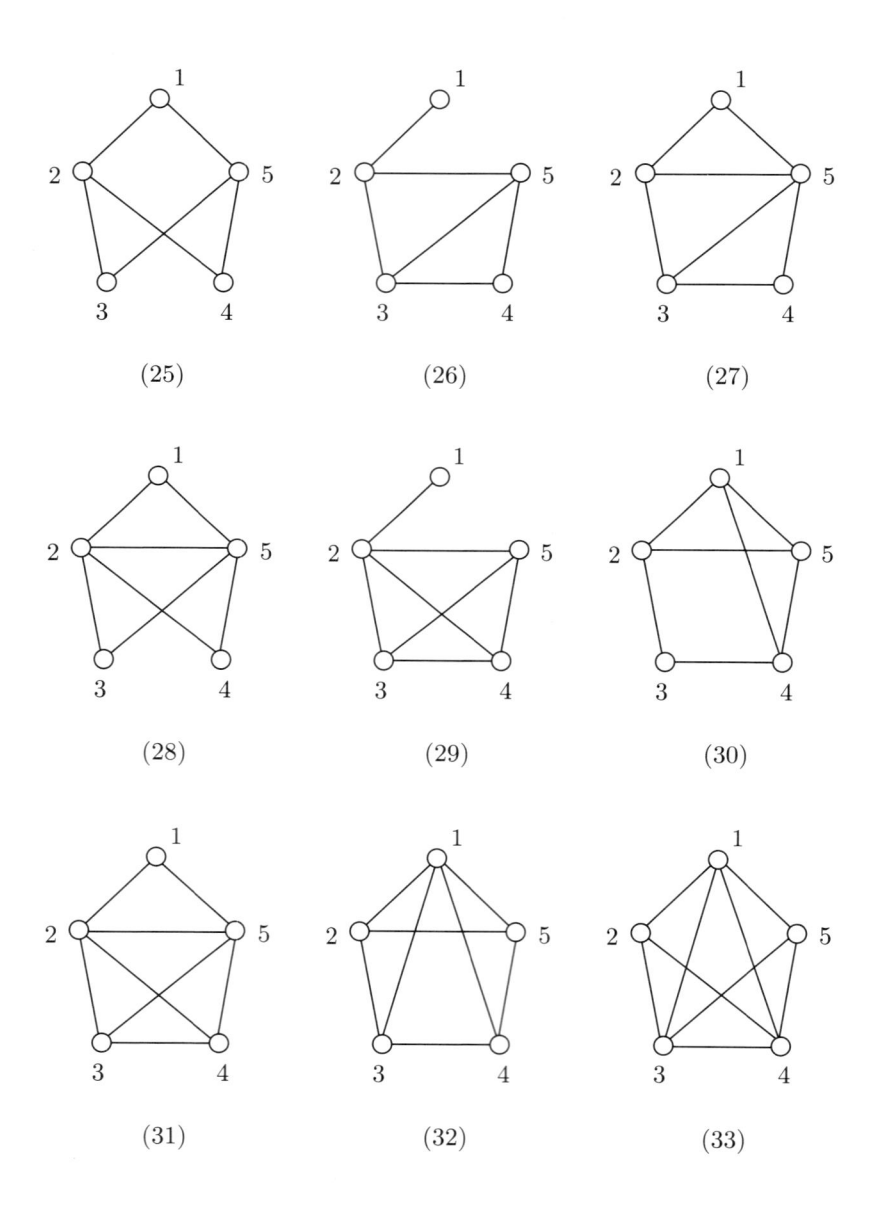

144　付録 B　位数 5 の標識グラフとそれの群の位数

(25)

(26)

(27)

(28)

(29)

(30)

(31)

(32)

(33)

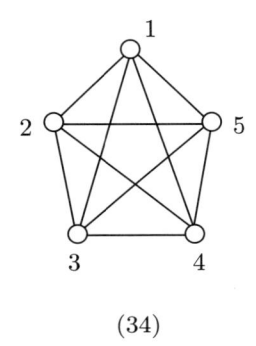

(34)

B.2 対応する群の位数

表 B.1 位数 5 の標識グラフ G の $\Gamma(G)$ と $l(G)$

G	大きさ	$s(G)$	$l(G)$	G	大きさ	$s(G)$	$l(G)$
(1)	0	120	1	(18)		2	60
(2)	1	12	10	(19)		4	30
(3)	2	4	30	(20)		10	12
(4)		8	15	(21)	6	8	15
(5)	3	2	60	(22)		2	60
(6)		12	10	(23)		24	5
(7)		6	20	(24)		2	60
(8)		4	30	(25)		12	10
(9)	4	8	15	(26)		2	60
(10)		2	60	(27)	7	2	60
(11)		24	5	(28)		12	10
(12)		2	60	(29)		6	20
(13)		12	10	(30)		4	30
(14)		2	60	(31)	8	4	30
(15)	5	4	30	(32)		8	15
(16)		2	60	(33)	9	12	10
(17)		2	60	(34)	10	120	1

付録 C

共役類

n	共役類の型	元の個数
1	(1)	1
2	(2, 0)	1
	(0, 1)	1
3	(3, 0, 0)	1
	(1, 1, 0)	3
	(0, 0, 1)	2
4	(4, 0, 0, 0)	1
	(2, 1, 0, 0)	6
	(0, 2, 0, 0)	3
	(1, 0, 1, 0)	8
	(0, 0, 0, 1)	6
5	(5, 0, 0, 0, 0)	1
	(3, 1, 0, 0, 0)	10
	(1, 2, 0, 0, 0)	15
	(2, 0, 1, 0, 0)	20
	(0, 1, 1, 0, 0)	20
	(1, 0, 0, 1, 0)	30
	(0, 0, 0, 0, 1)	24
6	(6, 0, 0, 0, 0, 0)	1
	(4, 1, 0, 0, 0, 0)	15
	(2, 2, 0, 0, 0, 0)	45
	(0, 3, 0, 0, 0, 0)	15
	(3, 0, 1, 0, 0, 0)	40

n	共役類の型	元の個数
6	(1, 1, 1, 0, 0, 0)	120
	(0, 0, 2, 0, 0, 0)	40
	(2, 0, 0, 1, 0, 0)	90
	(0, 1, 0, 1, 0, 0)	90
	(1, 0, 0, 0, 1, 0)	144
	(0, 0, 0, 0, 0, 1)	120
7	(7, 0, 0, 0, 0, 0, 0)	1
	(5, 1, 0, 0, 0, 0, 0)	21
	(3, 2, 0, 0, 0, 0, 0)	105
	(1, 3, 0, 0, 0, 0, 0)	105
	(4, 0, 1, 0, 0, 0, 0)	70
	(2, 1, 1, 0, 0, 0, 0)	420
	(0, 2, 1, 0, 0, 0, 0)	210
	(1, 0, 2, 0, 0, 0, 0)	280
	(3, 0, 0, 1, 0, 0, 0)	210
	(1, 1, 0, 1, 0, 0, 0)	630
	(0, 0, 1, 1, 0, 0, 0)	420
	(2, 0, 0, 0, 1, 0, 0)	504
	(0, 1, 0, 0, 1, 0, 0)	504
	(1, 0, 0, 0, 0, 1, 0)	840
	(0, 0, 0, 0, 0, 0, 1)	720
8	(8, 0, 0, 0, 0, 0, 0, 0)	1
	(6, 1, 0, 0, 0, 0, 0, 0)	28

148　付録 C　共役類

n	共役類の型	元の個数
8	(4, 2, 0, 0, 0, 0, 0, 0)	210
	(2, 3, 0, 0, 0, 0, 0, 0)	420
	(0, 4, 0, 0, 0, 0, 0, 0)	105
	(5, 0, 1, 0, 0, 0, 0, 0)	112
	(3, 1, 1, 0, 0, 0, 0, 0)	1120
	(1, 2, 1, 0, 0, 0, 0, 0)	1680
	(2, 0, 2, 0, 0, 0, 0, 0)	1120
	(0, 1, 2, 0, 0, 0, 0, 0)	1120
	(4, 0, 0, 1, 0, 0, 0, 0)	420
	(2, 1, 0, 1, 0, 0, 0, 0)	2520
	(0, 2, 0, 1, 0, 0, 0, 0)	1260
	(1, 0, 1, 1, 0, 0, 0, 0)	3360
	(0, 0, 0, 2, 0, 0, 0, 0)	1260
	(3, 0, 0, 0, 1, 0, 0, 0)	1344
	(1, 1, 0, 0, 1, 0, 0, 0)	4032
	(0, 0, 1, 0, 1, 0, 0, 0)	2688
	(2, 0, 0, 0, 0, 1, 0, 0)	3360
	(0, 1, 0, 0, 0, 1, 0, 0)	3360
	(1, 0, 0, 0, 0, 0, 1, 0)	5760
	(0, 0, 0, 0, 0, 0, 0, 1)	5040
9	(9, 0, 0, 0, 0, 0, 0, 0, 0)	1
	(7, 1, 0, 0, 0, 0, 0, 0, 0)	36
	(5, 2, 0, 0, 0, 0, 0, 0, 0)	378
	(3, 3, 0, 0, 0, 0, 0, 0, 0)	1260
	(1, 4, 0, 0, 0, 0, 0, 0, 0)	945
	(6, 0, 1, 0, 0, 0, 0, 0, 0)	168
	(4, 1, 1, 0, 0, 0, 0, 0, 0)	2520
	(2, 2, 1, 0, 0, 0, 0, 0, 0)	7560
	(0, 3, 1, 0, 0, 0, 0, 0, 0)	2520
	(3, 0, 2, 0, 0, 0, 0, 0, 0)	3360
	(1, 1, 2, 0, 0, 0, 0, 0, 0)	10080
	(0, 0, 3, 0, 0, 0, 0, 0, 0)	2240
	(5, 0, 0, 1, 0, 0, 0, 0, 0)	756
	(3, 1, 0, 1, 0, 0, 0, 0, 0)	7560
	(1, 2, 0, 1, 0, 0, 0, 0, 0)	11340
	(2, 0, 1, 1, 0, 0, 0, 0, 0)	15120

149

n	共役類の型	元の個数
9	(0, 1, 1, 1, 0, 0, 0, 0, 0)	15120
	(1, 0, 0, 2, 0, 0, 0, 0, 0)	11340
	(4, 0, 0, 0, 1, 0, 0, 0, 0)	3024
	(2, 1, 0, 0, 1, 0, 0, 0, 0)	18144
	(0, 2, 0, 0, 1, 0, 0, 0, 0)	9072
	(1, 0, 1, 0, 1, 0, 0, 0, 0)	24192
	(0, 0, 0, 1, 1, 0, 0, 0, 0)	18144
	(3, 0, 0, 0, 0, 1, 0, 0, 0)	10080
	(1, 1, 0, 0, 0, 1, 0, 0, 0)	30240
	(0, 0, 1, 0, 0, 1, 0, 0, 0)	20160
	(2, 0, 0, 0, 0, 0, 1, 0, 0)	25920
	(0, 1, 0, 0, 0, 0, 1, 0, 0)	25920
	(1, 0, 0, 0, 0, 0, 0, 1, 0)	45360
	(0, 0, 0, 0, 0, 0, 0, 0, 1)	40320
10	(10, 0, 0, 0, 0, 0, 0, 0, 0, 0)	1
	(8, 1, 0, 0, 0, 0, 0, 0, 0, 0)	45
	(6, 2, 0, 0, 0, 0, 0, 0, 0, 0)	630
	(4, 3, 0, 0, 0, 0, 0, 0, 0, 0)	3150
	(2, 4, 0, 0, 0, 0, 0, 0, 0, 0)	4725
	(0, 5, 0, 0, 0, 0, 0, 0, 0, 0)	945
	(7, 0, 1, 0, 0, 0, 0, 0, 0, 0)	240
	(5, 1, 1, 0, 0, 0, 0, 0, 0, 0)	5040
	(3, 2, 1, 0, 0, 0, 0, 0, 0, 0)	25200
	(1, 3, 1, 0, 0, 0, 0, 0, 0, 0)	25200
	(4, 0, 2, 0, 0, 0, 0, 0, 0, 0)	8400
	(2, 1, 2, 0, 0, 0, 0, 0, 0, 0)	50400
	(0, 2, 2, 0, 0, 0, 0, 0, 0, 0)	25200
	(1, 0, 3, 0, 0, 0, 0, 0, 0, 0)	22400
	(6, 0, 0, 1, 0, 0, 0, 0, 0, 0)	1260
	(4, 1, 0, 1, 0, 0, 0, 0, 0, 0)	18900
	(2, 2, 0, 1, 0, 0, 0, 0, 0, 0)	56700
	(0, 3, 0, 1, 0, 0, 0, 0, 0, 0)	18900
	(3, 0, 1, 1, 0, 0, 0, 0, 0, 0)	50400
	(1, 1, 1, 1, 0, 0, 0, 0, 0, 0)	151200
	(0, 0, 2, 1, 0, 0, 0, 0, 0, 0)	50400
	(2, 0, 0, 2, 0, 0, 0, 0, 0, 0)	56700

付録 C 共役類

n	共役類の型	元の個数
10	(0, 1, 0, 2, 0, 0, 0, 0, 0, 0)	56700
	(5, 0, 0, 0, 1, 0, 0, 0, 0, 0)	6048
	(3, 1, 0, 0, 1, 0, 0, 0, 0, 0)	60480
	(1, 2, 0, 0, 1, 0, 0, 0, 0, 0)	90720
	(2, 0, 1, 0, 1, 0, 0, 0, 0, 0)	120960
	(0, 1, 1, 0, 1, 0, 0, 0, 0, 0)	120960
	(1, 0, 0, 1, 1, 0, 0, 0, 0, 0)	181440
	(0, 0, 0, 0, 2, 0, 0, 0, 0, 0)	72576
	(4, 0, 0, 0, 0, 1, 0, 0, 0, 0)	25200
	(2, 1, 0, 0, 0, 1, 0, 0, 0, 0)	151200
	(0, 2, 0, 0, 0, 1, 0, 0, 0, 0)	75600
	(1, 0, 1, 0, 0, 1, 0, 0, 0, 0)	201600
	(0, 0, 0, 1, 0, 1, 0, 0, 0, 0)	151200
	(3, 0, 0, 0, 0, 0, 1, 0, 0, 0)	86400
	(1, 1, 0, 0, 0, 0, 1, 0, 0, 0)	259200
	(0, 0, 1, 0, 0, 0, 1, 0, 0, 0)	172800
	(2, 0, 0, 0, 0, 0, 0, 1, 0, 0)	226800
	(0, 1, 0, 0, 0, 0, 0, 1, 0, 0)	226800
	(1, 0, 0, 0, 0, 0, 0, 0, 1, 0)	403200
	(0, 0, 0, 0, 0, 0, 0, 0, 0, 1)	362880

付録 D

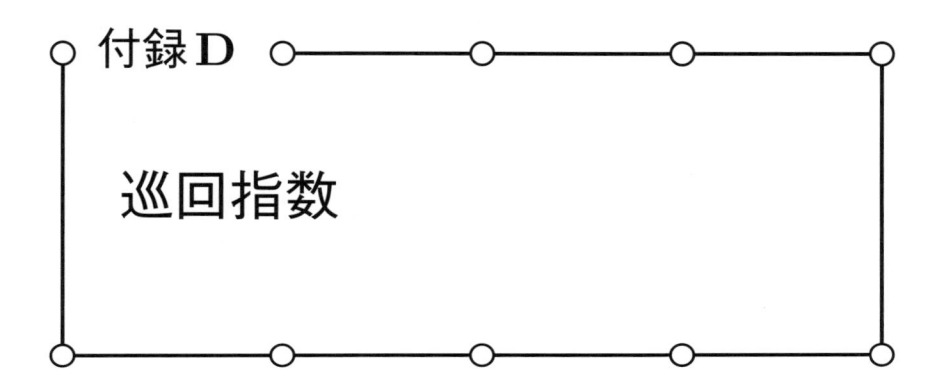

巡回指数

D.1 $\mathfrak{S}_n$ の巡回指数

$Z(\mathfrak{S}_0) = 1$

$Z(\mathfrak{S}_1) = s_1$

$Z(\mathfrak{S}_2) = \frac{1}{2!}(s_1^2 + s_2)$

$Z(\mathfrak{S}_3) = \frac{1}{3!}(s_1^3 + 3s_1s_2 + 2s_3)$

$Z(\mathfrak{S}_4) = \frac{1}{4!}(s_1^4 + 6s_1^2s_2 + 8s_1s_3 + 3s_2^2 + 6s_4)$

$Z(\mathfrak{S}_5) = \frac{1}{5!}(s_1^5 + 10s_1^3s_2 + 20s_1^2s_3 + 15s_1s_2^2 + 30s_1s_4 + 20s_2s_3 + 24s_5)$

$Z(\mathfrak{S}_6) = \frac{1}{6!}(s_1^6 + 15s_1^4s_2 + 40s_1^3s_3 + 45s_1^2s_2^2 + 90s_1^2s_4 + 120s_1s_2s_3 + 144s_1s_5$
$\qquad + 15s_2^3 + 90s_2s_4 + 40s_3^2 + 120s_6)$

$Z(\mathfrak{S}_7) = \frac{1}{7!}(s_1^7 + 21s_1^5s_2 + 70s_1^4s_3 + 105s_1^3s_2^2 + 210s_1^3s_4 + 420s_1^2s_2s_3 + 504s_1^2s_5$
$\qquad + 105s_1s_2^3 + 630s_1s_2s_4 + 280s_1s_3^2 + 840s_1s_6 + 210s_2^2s_3 + 504s_2s_5$
$\qquad + 420s_3s_4 + 720s_7)$

$Z(\mathfrak{S}_8) = \frac{1}{8!}(s_1^8 + 28s_1^6s_2 + 112s_1^5s_3 + 210s_1^4s_2^2 + 420s_1^4s_4 + 1120s_1^3s_2s_3$
$\qquad + 1344s_1^3s_5 + 420s_1^2s_2^3 + 2520s_1^2s_2s_4 + 1120s_1^2s_3^2 + 3360s_1^2s_6 + 1680s_1s_2^2s_3$
$\qquad + 4032s_1s_2s_5 + 3360s_1s_3s_4 + 5760s_1s_7 + 105s_2^4 + 1260s_2^2s_4 + 1120s_2s_3^2$
$\qquad + 3360s_2s_6 + 2688s_3s_5 + 1260s_4^2 + 5040s_8)$

$Z(\mathfrak{S}_9) = \frac{1}{9!}(s_1^9 \ + \ 36s_1^7s_2 \ + \ 168s_1^6s_3 \ + \ 378s_1^5s_2^2 \ + \ 756s_1^5s_4 \ + \ 2520s_1^4s_2s_3$
$\qquad +3024s_1^4s_5+1260s_1^3s_2^3+7560s_1^3s_2s_4+3360s_1^3s_3^2+7560s_1^2s_2^2s_3+945s_1s_2^4$
$\qquad + 10080s_1^3s_6 + 18144s_1^2s_2s_5 + 15120s_1^2s_3s_4 + 25920s_1^2s_7 + 11340s_1s_2^2s_4$
$\qquad + 10080s_1s_2s_3^2 + 30240s_1s_2s_6 + 24192s_1s_3s_5 + 11340s_1s_4^2 + 45360s_1s_8$
$\qquad + \ 2520s_2^3s_3 \ + \ 9072s_2^2s_5 \ + \ 15120s_2s_3s_4 \ + \ 25920s_2s_7 \ + \ 2240s_3^3$
$\qquad + 20160s_3s_6 + 18144s_4s_5 + 40320s_9)$

$Z(\mathfrak{S}_{10}) = \frac{1}{10!}(s_1^{10} \ + \ 45s_1^8s_2 \ + \ 240s_1^7s_3 \ + \ 630s_1^6s_2^2 \ + \ 1260s_1^6s_4 \ + \ 5040s_1^5s_2s_3$
$\qquad + \ 6048s_1^5s_5 \ + \ 3150s_1^4s_2^3 \ + \ 18900s_1^4s_2s_4 \ + \ 8400s_1^4s_3^2 \ + \ 25200s_1^4s_6$
$\qquad +25200s_1^3s_2^2s_3 + 60480s_1^3s_2s_5 + 50400s_1^3s_3s_4 + 86400s_1^3s_7 + 4725s_1^2s_2^4$
$\qquad + \ 56700s_1^2s_2^2s_4 \ + \ 50400s_1^2s_2s_3^2 \ + \ 151200s_1^2s_2s_6 \ + \ 120960s_1^2s_3s_5$
$\qquad + \ 56700s_1^2s_4^2 \ + \ 226800s_1^2s_8 \ + \ 25200s_1s_2^3s_3 \ + \ 90720s_1s_2^2s_5$
$\qquad + \ 151200s_1s_2s_3s_4 \ + \ 259200s_1s_2s_7 \ + \ 22400s_1s_3^3 \ + \ 201600s_1s_3s_6$
$\qquad + \ 181440s_1s_4s_5 \ + \ 403200s_1s_9 \ + \ 945s_2^5 \ + \ 18900s_2^3s_4 \ + \ 25200s_2^2s_3^2$
$\qquad + 75600s_2^2s_6 + 120960s_2s_3s_5 + 56700s_2s_4^2 + 226800s_2s_8 + 50400s_3^2s_4$
$\qquad + 172800s_3s_7 + 151200s_4s_6 + 72576s_5^2 + 362880s_{10})$

D.2 交代群 $\mathfrak{A}_n$ の巡回指数

$Z(\mathfrak{A}_2) = \ s_1^2$
$Z(\mathfrak{A}_3) = \ \frac{1}{3}(s_1^3 + 2s_3)$
$Z(\mathfrak{A}_4) = \ \frac{1}{12}(s_1^4 + 3s_2^2 + 8s_1s_3)$
$Z(\mathfrak{A}_5) = \ \frac{1}{60}(s_1^5 + 15s_1s_2^2 + 20s_1^2s_3 + 24s_5)$
$Z(\mathfrak{A}_6) = \ \frac{1}{360}(s_1^6 + 45s_1^2s_2^2 + 40s_1^3s_3 + 40s_3^2 + 90s_2s_4 + 144s_1s_5)$
$Z(\mathfrak{A}_7) = \ \frac{1}{2520}(s_1^7 + 105s_1^3s_2^2 + 70s_1^4s_3 + 210s_2^2s_3 + 280s_1s_3^2 + 630s_1s_2s_4 + 504s_1^2s_5$
$\qquad + 720s_7)$
$Z(\mathfrak{A}_8) = \ \frac{1}{20160}(s_1^8 \ + \ 210s_1^4s_2^2 \ + \ 105s_2^4 \ + \ 112s_1^5s_3 \ + \ 1680s_1s_2^2s_3 \ + \ 1120s_1^2s_3^2$
$\qquad +2520s_1^2s_2s_4+1260s_4^2+1344s_1^3s_5+2688s_3s_5+3360s_2s_6+5760s_1s_7)$
$Z(\mathfrak{A}_9) = \ \frac{1}{181440}(s_1^9 \ + \ 378s_1^5s_2^2 \ + \ 945s_1s_2^4 \ + \ 168s_1^6s_3 \ + \ 7560s_1^2s_2^2s_3 \ + \ 3360s_1^3s_3^2$
$\qquad + \ 2240s_3^3 \ + \ 7560s_1^3s_2s_4 \ + \ 15120s_2s_3s_4 \ + \ 11340s_1s_4^2 \ + \ 3024s_1^4s_5$
$\qquad + 9072s_2^2s_5 + 24192s_1s_3s_5 + 30240s_1s_2s_6 + 25920s_1^2s_7 + 40320s_9)$

$Z(\mathfrak{A}_{10}) = \frac{1}{1814400}(s_1^{10} + 630s_1^6s_2^2 + 4725s_1^2s_2^4 + 240s_1^7s_3 + 25200s_1^3s_2^2s_3 + 8400s_1^4s_3^2$
$\qquad + 25200s_2^2s_3^2 + 22400s_1s_3^3 + 18900s_1^4s_2s_4 + 18900s_2^3s_4 + 151200s_1s_2s_3s_4$
$\qquad + 56700s_1^2s_4^2 + 6048s_1^5s_5 + 90720s_1s_2^2s_5 + 120960s_1^2s_3s_5 + 72576s_5^2$
$\qquad + 151200s_1^2s_2s_6 + 151200s_4s_6 + 86400s_1^3s_7 + 172800s_3s_7 + 226800s_2s_8$
$\qquad + 403200s_1s_9)$

D.3 巡回群の巡回指数

$Z(\mathcal{C}_1) = s_1$
$Z(\mathcal{C}_2) = \frac{1}{2}(s_1^2 + s_2)$
$Z(\mathcal{C}_3) = \frac{1}{3}(s_1^3 + 2s_3)$
$Z(\mathcal{C}_4) = \frac{1}{4}(s_1^4 + s_2^2 + 2s_4)$
$Z(\mathcal{C}_5) = \frac{1}{5}(s_1^5 + 4s_5)$
$Z(\mathcal{C}_6) = \frac{1}{6}(s_1^6 + s_2^3 + 2s_3^2 + 2s_6)$
$Z(\mathcal{C}_7) = \frac{1}{7}(s_1^7 + 6s_7)$
$Z(\mathcal{C}_8) = \frac{1}{8}(s_1^8 + s_2^4 + 2s_4^2 + 4s_8)$
$Z(\mathcal{C}_9) = \frac{1}{9}(s_1^9 + 2s_3^3 + 6s_9)$
$Z(\mathcal{C}_{10}) = \frac{1}{10}(s_1^{10} + s_2^5 + 4s_5^2 + 4s_{10})$

D.4 二面体群の巡回指数

$Z(\mathcal{D}_1) = s_1$
$Z(\mathcal{D}_2) = \frac{1}{2}(s_1^2 + s_2)$
$Z(\mathcal{D}_3) = \frac{1}{6}(s_1^3 + 3s_1s_2 + 2s_3)$
$Z(\mathcal{D}_4) = \frac{1}{8}(s_1^4 + 2s_1^2s_2 + 3s_2^2 + 2s_4)$
$Z(\mathcal{D}_5) = \frac{1}{10}(s_1^5 + 5s_1s_2^2 + 4s_5)$
$Z(\mathcal{D}_6) = \frac{1}{12}(s_1^6 + 3s_1^2s_2^2 + 4s_2^3 + 2s_3^2 + 2s_6)$
$Z(\mathcal{D}_7) = \frac{1}{14}(s_1^7 + 7s_1s_2^3 + 6s_7)$
$Z(\mathcal{D}_8) = \frac{1}{16}(s_1^8 + 4s_1^2s_2^3 + 5s_2^4 + 2s_4^2 + 4s_8)$
$Z(\mathcal{D}_9) = \frac{1}{18}(s_1^9 + 9s_1s_2^4 + 2s_3^3 + 6s_9)$
$Z(\mathcal{D}_{10}) = \frac{1}{20}(s_1^{10} + 5s_1^2s_2^4 + 6s_2^5 + 4s_5^2 + 4s_{10})$

D.5 対群 $\mathcal{P}_n$ の巡回指数

$Z(\mathcal{P}_2) = s_1$

$Z(\mathcal{P}_3) = \frac{1}{3!}(s_1^3 + 3s_1s_2 + 2s_3)$

$Z(\mathcal{P}_4) = \frac{1}{4!}(s_1^6 + 9s_1^2s_2^2 + 8s_3^2 + 6s_2s_4)$

$Z(\mathcal{P}_5) = \frac{1}{5!}(s_1^{10} + 10s_1^4s_2^3 + 20s_1s_3^3 + 15s_1^2s_2^4 + 30s_2s_4^2 + 20s_1s_3s_6 + 24s_5^2)$

$Z(\mathcal{P}_6) = \frac{1}{6!}(s_1^{15} + 15s_1^7s_2^4 + 40s_1^3s_3^4 + 60s_1^3s_2^6 + 180s_1s_2s_4^3 + 120s_1s_2s_3^2s_6 + 144s_5^3$
$\qquad + 40s_3^5 + 120s_3s_6^2)$

$Z(\mathcal{P}_7) = \frac{1}{7!}(s_1^{21} + 21s_1^{11}s_2^5 + 70s_1^6s_3^5 + 105s_1^5s_2^8 + 210s_1^3s_2s_4^4 + 420s_1^2s_2^2s_3^2s_6$
$\qquad + 504s_1s_5^4 + 105s_1^3s_2^9 + 630s_1s_2^2s_4^4 + 280s_1^3s_6^7 + 840s_3s_6^3 + 210s_1^2s_2^2s_3s_6^2$
$\qquad + 504s_1s_5^2s_{10} + 420s_2s_3s_4s_{12} + 720s_7^3)$

$Z(\mathcal{P}_8) = \frac{1}{8!}(s_1^{28} + 28s_1^{16}s_2^6 + 112s_1^{10}s_3^6 + 210s_1^8s_2^{10} + 420s_1^6s_2s_4^5 + 1120s_1^4s_2^2s_3^4s_6$
$\qquad + 1344s_1^3s_2^3s_5^5 + 525s_1^4s_2^{12} + 3780s_1^2s_2^3s_4^5 + 1120s_1s_3^9 + 6720s_1s_3s_6^4$
$\qquad + 1680s_1^2s_2^4s_3^2s_6^2 + 4032s_1s_2s_3^3s_{10} + 3360s_2s_3^2s_4^2s_{12} + 5760s_7^4 + 1120s_1s_3^5s_6^2$
$\qquad + 2688s_3s_5^2s_{15} + 1260s_2^2s_4^6 + 5040s_4s_8^3)$

$Z(\mathcal{P}_9) = \frac{1}{9!}(s_1^{36} + 36s_1^{22}s_2^7 + 168s_1^{15}s_3^7 + 378s_1^{12}s_2^{12} + 756s_1^{10}s_2s_4^6 + 2520s_1^7s_2^4s_3^5s_6$
$\qquad + 3024s_1^6s_1^6 + 1260s_1^6s_2^{15} + 7560s_1^4s_2^4s_4^6 + 3360s_1^3s_3^{11} + 7560s_1^3s_2^6s_3s_6^2$
$\qquad + 945s_1^4s_2^{16} + 10080s_1^3s_3s_6^5 + 18144s_1^2s_2^2s_5^4s_{10} + 15120s_1s_2s_3^3s_4^3s_{12}$
$\qquad + 25920s_1s_5^5 + 11340s_1^2s_2^5s_4^6 + 10080s_1s_2s_3^7s_6^2 + 30240s_1s_2s_3s_5^5$
$\qquad + 24192s_3^2s_5^3s_{15} + 11340s_2^2s_8^4 + 45360s_4s_8^4 + 2520s_1^3s_3^6s_3s_6^3$
$\qquad + 9072s_1^2s_2^2s_5^2s_{10}^2 + 15120s_1s_2s_3^3s_4^3s_6s_{12} + 25920s_1s_7^3s_{14} + 2240s_3^{12}$
$\qquad + 20160s_3^2s_6^5 + 18144s_2s_4s_5^5s_{20} + 40320s_9^4)$

$Z(\mathcal{P}_{10}) = \frac{1}{10!}(s_1^{45} + 45s_1^{29}s_2^8 + 240s_1^{21}s_3^8 + 630s_1^{17}6s_2^{14} + 1260s_1^{15}s_2s_4^7$
$\qquad + 5040s_1^{11}s_2^5s_3^6s_6 + 6048s_1^{10}s_5^7 + 3150s_1^9s_2^{18} + 18900s_1^7s_2^5s_4^7 + 8400s_1^6s_3^{13}$
$\qquad + 25200s_1^6s_3s_6^6 + 25200s_1^5s_2^8s_4^2s_6^2 + 60480s_1^4s_2^3s_5^5s_{10} + 50400s_1^3s_2^2s_3^4s_4^4s_{12}$
$\qquad + 86400s_1^3s_7^6 + 5670s_1^5s_2^{20} + 75600s_1^3s_2^7s_4^7 + 50400s_1^2s_2^2s_3^9s_6^2$
$\qquad + 226800s_1^2s_2^2s_3s_6^6 + 120960s_1s_3^3s_5^4s_{15} + 113400s_1s_2^2s_4^{10} + 453600s_1s_4s_8^5$
$\qquad + 25200s_1^3s_2^9s_3^2s_6^3 + 90720s_1^2s_2^5s_5^2s_{10}^2 + 151200s_1s_2^2s_3^2s_4^3s_6s_{12}$
$\qquad + 259200s_1s_2s_7^4s_{14} + 22400s_3^{15} + 201600s_3^3s_6^6 + 181440s_2s_4^2s_5^5s_{20}$
$\qquad + 403200s_9^5 + 25200s_1^2s_2^2s_3^5s_6^4 + 120960s_1s_3s_6^2s_6s_{10}s_{15} + 50400s_2s_5^5s_4s_{12}^2$
$\qquad + 172800s_3s_7^3s_{21} + 151200s_2s_3s_4s_6^2s_{12} + 72576s_5^9 + 362880s_5s_{10}^4)$

D.6 $\mathfrak{S}_m \times \mathfrak{S}_n$ の巡回指数

D.6.1 $m \neq n$ の場合

$Z(\mathfrak{S}_2 \times \mathfrak{S}_3) = \frac{1}{12}(s_1^6 + 3s_1^2 s_2^2 + 4s_3^2 + 2s_3^2 + 2s_6)$

$Z(\mathfrak{S}_2 \times \mathfrak{S}_4) = \frac{1}{48}(s_1^8 + 6s_1^4 s_2^2 + 13s_2^4 + 8s_1^2 s_3^2 + 12s_4^2 + 8s_2 s_6)$

$Z(\mathfrak{S}_2 \times \mathfrak{S}_5) = \frac{1}{240}(s_1^{10} + 10s_1^6 s_2^2 + 15s_1^2 s_2^4 + 26s_2^5 + 20s_1^4 s_3^2 + 20s_2^2 s_3^2 + 30s_1^2 s_4^2$
$\qquad + 30s_2 s_4^2 + 24s_5^2 + 40s_2^2 s_6 + 24s_{10})$

$Z(\mathfrak{S}_2 \times \mathfrak{S}_6) = \frac{1}{1440}(s_1^{12} + 15s_1^8 s_2^2 + 45s_1^4 s_2^4 + 91s_2^6 + 40s_1^6 s_3^2 + 120s_1^2 s_2^2 s_3^2 + 40s_3^4$
$\qquad + 90s_1^4 s_4^2 + 270s_2^2 s_4^2 + 144s_1^2 s_5^2 + 160s_2^3 s_6 + 280s_6^2 + 144s_2 s_{10})$

$Z(\mathfrak{S}_3 \times \mathfrak{S}_4) = \frac{1}{144}(s_1^{12} + 6s_1^6 s_2^3 + 3s_1^4 s_2^4 + 18s_1^2 s_2^5 + 12s_2^6 + 8s_1^3 s_3^3 + 18s_3^4 + 24s_4^3$
$\qquad + 24s_1 s_2 s_3 s_6 + 12s_3^2 s_6 + 6s_6^2 + 12s_{12})$

$Z(\mathfrak{S}_3 \times \mathfrak{S}_5) = \frac{1}{720}(s_1^{15} + 10s_1^9 s_2^3 + 3s_1^5 s_2^5 + 45s_1^3 s_2^6 + 45s_1 s_2^7 + 20s_1^6 s_3^3 + 20s_2^3 s_3^3$
$\qquad + 42s_3^5 + 30s_1^3 s_4^3 + 90s_1 s_2 s_4^3 + 24s_5^3 + 60s_1^2 s_2^2 s_3 s_6 + 60s_2^3 s_3 s_6$
$\qquad + 60s_3^3 s_6 + 30s_3 s_6^2 + 72s_5 s_{10} + 60s_3 s_{12} + 48s_{15})$

$Z(\mathfrak{S}_3 \times \mathfrak{S}_6) = \frac{1}{4320}(s_1^{18} + 15s_1^{12} s_2^3 + 48s_1^6 s_2^6 + 45s_1^4 s_2^7 + 135s_1^2 s_2^8 + 60s_2^9 + 40s_1^9 s_3^3$
$\qquad + 120s_1^3 s_2^3 s_3^3 + 202s_3^6 + 90s_1^6 s_4^3 + 270s_1^2 s_2^2 s_4^3 + 360s_2^3 s_4^3 + 144s_1^3 s_5^3$
$\qquad + 120s_1^3 s_2^3 s_3 s_6 + 360s_1 s_2^4 s_3 s_6 + 270s_3^4 s_6 + 210s_3^2 s_6^2 + 750s_6^3$
$\qquad + 432s_1 s_2 s_5 s_{10} + 180s_2^2 s_{12} + 180s_6 s_{12} + 288s_3 s_{15})$

$Z(\mathfrak{S}_4 \times \mathfrak{S}_5) = \frac{1}{2880}(s_1^{20} + 10s_1^{12} s_2^5 + 6s_1^{10} s_2^5 + 60s_1^6 s_2^7 + 15s_1^4 s_2^8 + 90s_1^2 s_2^9 + 78s_2^{10}$
$\qquad + 20s_1^8 s_3^4 + 20s_2^4 s_3^4 + 8s_1^5 s_3^5 + 160s_1^2 s_3^6 + 30s_1^4 s_4^4 + 180s_1^2 s_2 s_4^4$
$\qquad + 90s_2^2 s_4^4 + 336s_4^5 + 24s_5^4 + 120s_1^4 s_2^2 s_3 s_6 + 120s_2^4 s_3^2 s_6 + 80s_1^3 s_2 s_3^3 s_6$
$\qquad + 160s_2 s_3^4 s_6 + 120s_2^4 s_6^2 + 120s_1 s_2^2 s_3 s_6^2 + 144s_5^2 s_{10} + 72s_{10}^2$
$\qquad + 240s_1 s_3 s_4 s_{12} + 240s_4^2 s_{12} + 192s_5 s_{15} + 144s_{20})$

$Z(\mathfrak{S}_4 \times \mathfrak{S}_6) = \frac{1}{17280}(s_1^{24} + 15s_1^{16} s_2^4 + 6s_1^{12} s_2^6 + 135s_1^8 s_2^8 + 270s_1^4 s_2^{10} + 333s_2^{12}$
$\qquad + 40s_1^{12} s_3^4 + 120s_1^4 s_2^4 s_3^4 + 8s_1^6 s_3^6 + 320s_3^3 s_3^7 + 360s_3^8 + 90s_1^8 s_4^4$
$\qquad + 540s_1^4 s_2^2 s_4^4 + 1170s_2^4 s_4^4 + 1536s_4^6 + 144s_1^4 s_5^4 + 240s_1^6 s_2^2 s_3^2 s_6$
$\qquad + 720s_1^2 s_2^5 s_3^2 s_6 + 120s_1^4 s_2 s_3^4 s_6 + 960s_1 s_2 s_3^4 s_6 + 480s_2^6 s_6^2$
$\qquad + 360s_1^2 s_2^2 s_3^2 s_6^2 + 240s_4^3 s_6^2 + 120s_3^3 s_6^3 + 2280s_6^4 + 864s_1^2 s_2 s_5^2 s_{10}$
$\qquad + 432s_2^2 s_{10}^2 + 720s_1^2 s_3^2 s_4 s_{12} + 960s_4^3 s_{12} + 720s_2 s_4 s_6 s_{12}$
$\qquad + 960s_{12}^2 + 1152s_1 s_3 s_5 s_{15} + 864s_4 s_{20})$

$$Z(\mathfrak{S}_5 \times \mathfrak{S}_6) = \tfrac{1}{86400}(s_1^{30} + 15s_1^{20}s_2^5 + 10s_1^{18}s_2^6 + 150s_1^{12}s_2^9 + 45s_1^{10}s_2^{10} + 465s_1^6s_2^{12} + 225s_1^4s_2^{13} + 675s_1^2s_2^{14} + 390s_2^{15} + 40s_1^{15}s_3^5 + 120s_1^5s_2^5s_3^5 + 20s_1^{12}s_3^6 + 20s_2^6s_3^6 + 800s_1^6s_3^8 + 840s_3^{10} + 90s_1^{10}s_4^5 + 900s_1^6s_2^2s_4^5 + 1350s_1^2s_2^4s_4^5 + 2340s_2^5s_4^5 + 30s_1^6s_4^6 + 450s_1^4s_2s_4^6 + 1350s_1^2s_2^2s_4^6 + 450s_2^3s_4^6 + 2700s_1^2s_4^7 + 2700s_2s_4^7 + 144s_1^5s_5^5 + 3480s_5^6 + 400s_1^9s_2^3s_3^3s_6 + 1200s_1^3s_2^6s_3^3s_6 + 300s_1^8s_2^2s_3^4s_6 + 300s_2^6s_3^4s_6 + 2400s_1^2s_2^2s_3^6s_6 + 800s_2^3s_3^6s_6 + 600s_1^3s_2^6s_3s_6^2 + 1800s_1s_2^7s_3s_6^2 + 900s_1^4s_2^4s_3^2s_6^2 + 900s_2^6s_3^2s_6^2 + 2400s_2^3s_3^4s_6^2 + 1200s_3^6s_6^2 + 600s_2^6s_6^3 + 600s_3^2s_6^4 + 7920s_6^5 + 1440s_1^3s_2s_5^3s_{10} + 360s_5^4s_{10} + 2160s_1s_2^2s_5s_{10}^2 + 1080s_5^2s_{10}^2 + 360s_{10}^3 + 1800s_1^4s_3^2s_4^2s_{12} + 1800s_2^2s_3^2s_4^2s_{12} + 1200s_1^3s_3s_4^3s_{12} + 3600s_1s_2s_3s_4^3s_{12} + 3600s_2^2s_4^2s_6s_{12} + 1200s_3^2s_{12}^2 + 3600s_6s_{12}^2 + 2880s_1^2s_3s_5^2s_{15} + 960s_5^3s_{15} + 2880s_2s_3s_{10}s_{15} + 2880s_5s_{10}s_{15} + 960s_{15}^2 + 4320s_1s_4s_5s_{20} + 2160s_5^2s_{20} + 2160s_{10}s_{20} + 2880s_{30})$$

D.6.2　$m = n$ の場合

$$Z(\mathfrak{S}_1 \times \mathfrak{S}_1) = s_1$$

$$Z(\mathfrak{S}_2 \times \mathfrak{S}_2) = \tfrac{1}{4}(s_1^4 + 3s_2^2)$$

$$Z(\mathfrak{S}_3 \times \mathfrak{S}_3) = \tfrac{1}{36}(s_1^9 + 6s_1^3s_2^3 + 9s_1s_2^4 + 8s_3^3 + 12s_3s_6)$$

$$Z(\mathfrak{S}_4 \times \mathfrak{S}_4) = \tfrac{1}{576}(s_1^{16} + 12s_1^8s_2^4 + 36s_1^4s_2^6 + 51s_2^8 + 16s_1^4s_3^4 + 64s_1s_3^5 + 156s_4^4 + 96s_1^2s_2s_3^2s_6 + 48s_2^2s_6^2 + 96s_4s_{12})$$

$$Z(\mathfrak{S}_5 \times \mathfrak{S}_5) = \tfrac{1}{14400}(s_1^{25} + 20s_1^{15}s_2^5 + 100s_1^9s_2^8 + 30s_1^5s_2^{10} + 300s_1^3s_2^{11} + 225s_1s_2^{12} + 40s_1^{10}s_3^5 + 40s_2^5s_3^5 + 400s_1^4s_3^7 + 60s_1^5s_4^5 + 600s_1^3s_2s_4^5 + 900s_1s_2^2s_4^5 + 900s_1s_4^6 + 624s_5^5 + 400s_1^6s_2^2s_3^3s_6 + 400s_2^5s_3^3s_6 + 800s_2^2s_3^5s_6 + 600s_1^2s_2^4s_3s_6^2 + 600s_2^5s_3s_6^2 + 400s_2^2s_3^3s_6^2 + 480s_5^3s_{10} + 720s_5s_{10}^2 + 1200s_1^2s_3s_4^2s_{12} + 1200s_2s_3s_4^2s_{12} + 960s_5^2s_{15} + 960s_{10}s_{15} + 1440s_5s_{20})$$

$Z(\mathfrak{S}_6 \times \mathfrak{S}_6) = \frac{1}{518400}(s_1^{36} + 30s_1^{24}s_2^6 + 225s_1^{16}s_2^{10} + 90s_1^{12}s_2^{12} + 1350s_1^8s_2^{14}$
$\qquad + 2025s_1^4s_2^{16} + 2055s_2^{18} + 80s_1^{18}s_3^6 + 240s_1^6s_2^6s_3^6 + 1600s_1^9s_3^9$
$\qquad + 4880s_3^{12} + 180s_1^{12}s_4^6 + 2700s_1^8s_2^2s_4^6 + 8100s_1^4s_2^4s_4^6 + 16380s_2^6s_4^6$
$\qquad + 8100s_1^4s_4^8 + 24300s_2^2s_4^8 + 288s_1^6s_5^6 + 20736s_1s_5^7 + 1200s_1^{12}s_2^3s_3^4s_6$
$\qquad + 3600s_1^4s_2^7s_3^4s_6 + 9600s_1^3s_2^3s_3^7s_6 + 3600s_1^6s_2^5s_3^2s_6^2 + 10800s_1^2s_2^8s_3^2s_6^2$
$\qquad + 14400s_1s_2^4s_3^5s_6^2 + 10800s_3^8s_6^2 + 4800s_2^9s_3^3 + 3600s_3^4s_6^4 + 81840s_6^6$
$\qquad + 4320s_1^4s_2s_5^4s_{10} + 12960s_1^2s_2^2s_5^2s_{10}^2 + 4320s_2^3s_{10}^3 + 7200s_1^6s_3^3s_4^3s_{12}$
$\qquad + 21600s_1^2s_2^2s_3^3s_4^3s_{12} + 28800s_2^3s_4^3s_6s_{12} + 7200s_3^4s_{12}^2 + 50400s_6^2s_{12}^2$
$\qquad + 11520s_1^3s_3s_5^3s_{15} + 34560s_1s_2s_3s_5s_{10}s_{15} + 11520s_3^3s_{15}^2$
$\qquad + 25920s_1^2s_4s_5^2s_{20} + 25920s_2s_4s_{10}s_{20} + 34560s_6s_{30})$

D.7 $\mathfrak{S}_2[\mathfrak{S}_n]$ の巡回指数

$Z(\mathfrak{S}_2[\mathfrak{S}_2]) = \frac{1}{8}(s_1^4 + 2s_1^2s_2 + 3s_2^2 + 2s_4)$
$Z(\mathfrak{S}_2[\mathfrak{S}_3]) = \frac{1}{72}(s_1^6 + 6s_1^4s_2 + 9s_1^2s_2^2 + 6s_2^3 + 4s_1^3s_3 + 12s_1s_2s_3 + 4s_3^2 + 18s_2s_4 + 12s_6)$
$Z(\mathfrak{S}_2[\mathfrak{S}_4]) = \frac{1}{1152}(s_1^8 + 12s_1^6s_2 + 42s_1^4s_2^2 + 36s_1^2s_2^3 + 33s_2^4 + 16s_1^5s_3 + 96s_1^3s_2s_3$
$\qquad + 48s_1s_2^2s_3 + 64s_1^2s_3^2 + 12s_1^4s_4 + 72s_1^2s_2s_4 + 180s_2^2s_4 + 96s_1s_3s_4$
$\qquad + 108s_4^2 + 192s_2s_6 + 144s_8)$
$Z(\mathfrak{S}_2[\mathfrak{S}_5]) = \frac{1}{28800}(s_1^{10} + 20s_1^8s_2 + 130s_1^6s_2^2 + 300s_1^4s_2^3 + 225s_1^2s_2^4 + 120s_2^5$
$\qquad + 40s_1^7s_3 + 440s_1^5s_2s_3 + 1000s_1^3s_2^2s_3 + 600s_1s_2^3s_3 + 400s_1^4s_3^2$
$\qquad + 800s_1^2s_2s_3^2 + 400s_2^2s_3^2 + 60s_1^6s_4 + 600s_1^4s_2s_4 + 900s_1^2s_2^2s_4 + 1200s_2^3s_4$
$\qquad + 1200s_1^3s_3s_4 + 1200s_1s_2s_3s_4 + 900s_1^2s_4^2 + 1800s_2s_4^2 + 48s_1^5s_5$
$\qquad + 480s_1^3s_2s_5 + 720s_1s_2^2s_5 + 960s_1^2s_3s_5 + 960s_2s_3s_5 + 1440s_1s_4s_5$
$\qquad + 576s_5^2 + 2400s_2^2s_6 + 2400s_4s_6 + 3600s_2s_8 + 2880s_{10})$

$Z(\mathfrak{S}_2[\mathfrak{S}_6]) = \frac{1}{1036800}(s_1^{12} + 30s_1^{10}s_2 + 315s_1^8s_2^2 + 1380s_1^6s_2^3 + 2475s_1^4s_2^4 + 1350s_1^2s_2^5$
$\qquad + 945s_2^6 + 80s_1^9s_3 + 1440s_1^7s_2s_3 + 7200s_1^5s_2^2s_3 + 12000s_1^3s_2^3s_3$
$\qquad + 3600s_1s_2^4s_3 + 1680s_1^6s_3^2 + 10800s_1^4s_2s_3^2 + 18000s_1^2s_2^2s_3^2 + 1200s_2^3s_3^2$
$\qquad + 3200s_1^3s_3^3 + 9600s_1s_2s_3^3 + 1600s_3^4 + 180s_1^8s_4 + 2880s_1^6s_2s_4$
$\qquad + 10800s_1^4s_2^2s_4 + 10800s_1^2s_2^3s_4 + 13500s_2^4s_4 + 7200s_1^5s_3s_4$
$\qquad + 28800s_1^3s_2s_3s_4 + 21600s_1s_2^2s_3s_4 + 7200s_1^2s_3^2s_4 + 7200s_2s_3^2s_4$
$\qquad + 8100s_1^4s_4^2 + 16200s_1^2s_2s_4^2 + 40500s_2^2s_4^2 + 10800s_4^3 + 288s_1^7s_5$
$\qquad + 4320s_1^5s_2s_5 + 12960s_1^3s_2^2s_5 + 4320s_1s_2^3s_5 + 11520s_1^4s_3s_5$
$\qquad + 34560s_1^2s_2s_3s_5 + 11520s_1s_3^2s_5 + 25920s_1^3s_4s_5 + 25920s_1s_2s_4s_5$
$\qquad + 20736s_1^2s_5^2 + 240s_1^6s_6 + 3600s_1^4s_2s_6 + 10800s_1^2s_2^2s_6 + 32400s_2^3s_6$
$\qquad + 9600s_1^3s_3s_6 + 28800s_1s_2s_3s_6 + 9600s_3^2s_6 + 21600s_1^2s_4s_6$
$\qquad + 108000s_2s_4s_6 + 34560s_1s_5s_6 + 43200s_6^2 + 64800s_2^2s_8 + 64800s_4s_8$
$\qquad + 103680s_2s_{10} + 86400s_{12})$

D.8 $(\mathfrak{S}_2[\mathfrak{S}_n])'$ の巡回指数

$Z((\mathfrak{S}_2[\mathfrak{S}_1])') = s_1$
$Z((\mathfrak{S}_2[\mathfrak{S}_2])') = \frac{1}{8}\left(s_1^4 + 2s_1^2s_2 + 3s_2^2 + 2s_4\right)$
$Z((\mathfrak{S}_2[\mathfrak{S}_3])') = \frac{1}{72}\left(s_1^9 + 12s_1^3s_2^3 + 9s_1s_2^4 + 18s_1s_4^2 + 8s_3^3 + 24s_3s_6\right)$
$Z((\mathfrak{S}_2[\mathfrak{S}_4])') = \frac{1}{1152}(s_1^{16} + 12s_1^8s_2^4 + 60s_1^4s_2^6 + 16s_1^4s_3^4 + 144s_1^2s_2s_3^3 + 96s_1^2s_2s_3^2s_6$
$\qquad + 64s_1s_3^5 + 192s_1s_3s_6^2 + 51s_2^8 + 228s_4^4 + 48s_2^2s_6^2 + 144s_8^2 + 96s_4s_{12})$
$Z((\mathfrak{S}_2[\mathfrak{S}_5])') = \frac{1}{28800}(s_1^{25} + 20s_1^{15}s_2^5 + 40s_1^{10}s_3^5 + 100s_1^9s_2^8 + 400s_1^6s_2^2s_3^3s_6 + 150s_1^5s_2^{10}$
$\qquad + 60s_1^5s_4^5 + 400s_1^4s_3^7 + 300s_1^3s_2^{11} + 600s_1^3s_2s_4^5 + 1200s_1^3s_2^3s_4^4$
$\qquad + 2400s_1^2s_2s_3s_6^3 + 600s_1^2s_2^4s_3s_6^2 + 1200s_1^2s_3s_4^2s_{12} + 225s_1s_2^{12}$
$\qquad + 2700s_1s_4^6 + 900s_1s_2^2s_4^5 + 3600s_1s_2^3 + 40s_2^5s_3^5 + 624s_5^5 + 400s_2^2s_3^3s_6^2$
$\qquad + 600s_2^5s_3s_6^2 + 3600s_5s_{10}^2 + 800s_2^5s_3^2s_6 + 400s_2^5s_3^3s_6 + 480s_3^5s_{10}$
$\qquad + 1200s_2s_3s_4^2s_{12} + 2400s_3s_4s_6s_{12} + 960s_5^2s_{15} + 960s_{10}s_{15}$
$\qquad + 1440s_5s_{20})$

$Z((\mathfrak{S}_2[\mathfrak{S}_6])') = \frac{1}{1036800}(s_1^{36} + 30s_1^{24}s_2^6 + 80s_1^{18}s_3^6 + 225s_1^{16}s_2^{10} + 90s_1^{12}s_2^{12}$
$+ 180s_1^{12}s_4^6 + 1200s_1^{12}s_2^3s_3^4s_6 + 1600s_1^9s_3^9 + 1350s_1^8s_2^{14}$
$+ 2700s_1^8s_2^2s_4^6 + 720s_1^6s_2^{15} + 240s_1^6s_2^6s_3^2 + 288s_1^6s_5^6 + 3600s_1^6s_2^6s_3^2s_6^2$
$+ 7200s_1^6s_3^2s_4^3s_{12} + 2025s_1^4s_2^{16} + 8100s_1^4s_4^8 + 8100s_1^4s_2^4s_4^6$
$+ 10800s_1^4s_2^6s_4^5 + 3600s_1^4s_2^7s_3^4s_6 + 4320s_1^4s_2s_5^4s_{10} + 28800s_1^3s_2^3s_3s_6^4$
$+ 9600s_1^3s_3^2s_6^7 + 11520s_1^3s_3s_5^3s_{15} + 32400s_1^2s_2s_4^8 + 64800s_1^2s_2s_4^4$
$+ 10800s_1^2s_2^8s_3^2s_6^2 + 12960s_1^2s_2^2s_5^2s_{10}^2 + 21600s_1^2s_2^2s_3^3s_4^2s_{12}$
$+ 25920s_1^2s_4s_5^2s_{20} + 20736s_1s_5^7 + 103680s_1s_5s_{10}^3 + 14400s_1s_2^4s_3^5s_6^2$
$+ 86400s_1s_3s_4^2s_6^2s_{12} + 34560s_1s_2s_3s_5s_{10}s_{15} + 2055s_2^{18} + 4880s_3^{12}$
$+ 10800s_4^9 + 24300s_2^2s_4^8 + 16380s_2^6s_4^6 + 81840s_6^6 + 28800s_3^2s_6^5$
$+ 3600s_3^4s_6^4 + 64800s_4s_8^4 + 4800s_2^9s_6^3 + 4320s_2^3s_3^2s_{10} + 86400s_{12}^3$
$+ 10800s_3^8s_6^2 + 7200s_3^4s_{12}^2 + 50400s_6^2s_{12}^2 + 11520s_3^2s_{15}^2$
$+ 28800s_2^3s_4^3s_6s_{12} + 25920s_2s_4s_{10}s_{20} + 34560s_6s_{30})$

D.9 べき群 B^A の巡回指数

D.9.1 $A = \mathfrak{S}_n, B = \mathfrak{S}_2$ の場合

$Z(\mathfrak{S}_2^{\mathfrak{S}_2}) = \frac{1}{4}(s_1^4 + 2s_1^2s_2 + s_2^2)$

$Z(\mathfrak{S}_2^{\mathfrak{S}_3}) = \frac{1}{12}(s_1^8 + 3s_1^4s_2^2 + 4s_2^4 + 2s_1^2s_3^2 + 2s_2s_6)$

$Z(\mathfrak{S}_2^{\mathfrak{S}_4}) = \frac{1}{48}(s_1^{16} + 6s_1^8s_2^4 + 6s_1^4s_2^6 + 7s_2^8 + 8s_1^4s_3^4 + 12s_1^2s_2s_4^3 + 8s_2^2s_6^2)$

$Z(\mathfrak{S}_2^{\mathfrak{S}_5}) = \frac{1}{240}(s_1^{32} + 10s_1^{16}s_2^8 + 15s_1^8s_2^{12} + 26s_2^{16} + 20s_1^8s_3^8$
$+ 30s_1^4s_2^2s_4^6 + 30s_2^4s_4^6 + 24s_1^2s_5^6 + 20s_1^4s_2^2s_3^4s_6^2 + 40s_2^4s_6^4$
$+ 24s_2s_{10}^3)$

$Z(\mathfrak{S}_2^{\mathfrak{S}_6}) = \frac{1}{1440}(s_1^{64} + 15s_1^{32}s_2^{16} + 45s_1^{16}s_2^{24} + 30s_1^8s_2^{28} + 61s_2^{32}$
$+ 40s_1^{16}s_3^{16} + 40s_1^4s_3^{20} + 90s_1^8s_2^4s_4^{12} + 180s_1^4s_2^6s_4^{12}$
$+ 90s_2^8s_4^{12} + 144s_1^4s_5^{12} + 120s_1^8s_2^4s_3^8s_6^4 + 160s_2^8s_6^8$
$+ 240s_1^2s_2s_3^2s_6^9 + 40s_2^2s_6^{10} + 144s_2^2s_{10}^6)$

D.9.2 $A = $ 巡回群 C_n, $B = \mathfrak{S}_2$ の場合

$Z(\mathfrak{S}_2^{C_2}) = \frac{1}{4}(s_1^4 + 2s_1^2s_2 + s_2^2)$

$Z(\mathfrak{S}_2^{C_3}) = \frac{1}{6}(s_1^8 + s_2^4 + 2s_1^2s_3^2 + 2s_2s_6)$

$Z(\mathfrak{S}_2^{C_4}) = \frac{1}{8}(s_1^{16} + 2s_1^4s_2^6 + s_2^8 + 4s_1^2s_2s_4^3)$

$Z(\mathfrak{S}_2^{C_5}) = \frac{1}{10}(s_1^{32} + s_2^{16} + 4s_1^2s_5^6 + 4s_2s_{10}^3)$

$Z(\mathfrak{S}_2{}^{C_6}) = \frac{1}{12}(s_1{}^{64} + 2\,s_1{}^8\,s_2{}^{28} + s_2{}^{32} + 2\,s_1{}^4\,s_3{}^{20} + 4\,s_1{}^2\,s_2\,s_3{}^2\,s_6{}^9 + 2\,s_2{}^2\,s_6{}^{10})$

D.9.3　$A = $ 二面体群 D_n, $B = \mathfrak{S}_2$ の場合

$Z(\mathfrak{S}_2{}^{D_2}) = \frac{1}{8}(s_1{}^4 + 2\,s_1{}^2\,s_2 + s_2{}^2)$

$Z(\mathfrak{S}_2{}^{D_3}) = \frac{1}{12}(s_1{}^8 + 3\,s_1{}^4\,s_2{}^2 + 4\,s_2{}^4 + 2\,s_1{}^2\,s_3{}^2 + 2\,s_2\,s_6)$

$Z(\mathfrak{S}_2{}^{D_4}) = \frac{1}{16}(s_1{}^{16} + 2\,s_1{}^8\,s_2{}^4 + 6\,s_1{}^4\,s_2{}^6 + 3\,s_2{}^8 + 4\,s_1{}^2\,s_2\,s_4{}^3)$

$Z(\mathfrak{S}_2{}^{D_5}) = \frac{1}{20}(s_1{}^{32} + 5\,s_1{}^8\,s_2{}^{12} + 6\,s_2{}^{16} + 4\,s_1{}^2\,s_5{}^6 + 4\,s_2\,s_{10}{}^3)$

$Z(\mathfrak{S}_2{}^{D_6}) = \frac{1}{24}(s_1{}^{64} + 3\,s_1{}^{16}\,s_2{}^{24} + 8\,s_1{}^8\,s_2{}^{28} + 4\,s_2{}^{32} + 2\,s_1{}^4\,s_3{}^{20} + 4\,s_1{}^2\,s_2\,s_3{}^2\,s_6{}^9$
$\qquad\qquad\qquad + 2\,s_2{}^2\,s_6{}^{10})$

D.9.4　$A = $ 対群 $\mathcal{P}_n$, $B = \mathfrak{S}_2$ の場合

$Z(\mathfrak{S}_2{}^{\mathcal{P}_3}) = \frac{1}{12}(s_1{}^8 + 3\,s_1{}^4\,s_2{}^2 + 4\,s_2{}^4 + 2\,s_1{}^2\,s_3{}^2 + 2\,s_2\,s_6)$

$Z(\mathfrak{S}_2{}^{\mathcal{P}_4}) = \frac{1}{48}(s_1{}^{64} + 9\,s_1{}^{16}\,s_2{}^{24} + 10\,s_2{}^{32} + 8\,s_1{}^4\,s_3{}^{20} + 12\,s_1{}^4\,s_2{}^6\,s_4{}^{12} + 8\,s_2{}^2\,s_6{}^{10})$

$Z(\mathfrak{S}_2{}^{\mathcal{P}_5}) = \frac{1}{240}(s_1{}^{1024} + 10\,s_1{}^{128}\,s_2{}^{448} + 15\,s_1{}^{64}\,s_2{}^{480} + 26\,s_2{}^{512} + 20\,s_1{}^{16}\,s_3{}^{336}$
$\qquad\qquad\qquad + 60\,s_1{}^8\,s_2{}^{28}\,s_4{}^{240} + 24\,s_1{}^4\,s_5{}^{204} + 20\,s_1{}^8\,s_2{}^4\,s_3{}^{40}\,s_6{}^{148} + 40\,s_2{}^8\,s_6{}^{168}$
$\qquad\qquad\qquad + 24\,s_2{}^2\,s_{10}{}^{102})$

$Z(\mathfrak{S}_2{}^{\mathcal{P}_6}) = \frac{1}{1440}(s_1{}^{32768} + 15\,s_1{}^{2048}\,s_2{}^{15360} + 60\,s_1{}^{512}\,s_2{}^{16128} + 76\,s_2{}^{16384}$
$\qquad\qquad\qquad + 40\,s_1{}^{128}\,s_3{}^{10880} + 40\,s_1{}^{32}\,s_3{}^{10912} + 180\,s_1{}^{32}\,s_2{}^{240}\,s_4{}^{8064}$
$\qquad\qquad\qquad + 180\,s_2{}^{256}\,s_4{}^{8064} + 144\,s_1{}^8\,s_5{}^{6552} + 120\,s_1{}^{32}\,s_2{}^{48}\,s_3{}^{672}\,s_6{}^{5104}$
$\qquad\qquad\qquad + 120\,s_1{}^8\,s_2{}^{12}\,s_3{}^{168}\,s_6{}^{5372} + 160\,s_2{}^{64}\,s_6{}^{5440} + 160\,s_2{}^{16}\,s_6{}^{5456}$
$\qquad\qquad\qquad + 144\,s_2{}^4\,s_{10}{}^{3276})$

参考文献

[1] C. C. Cadogan, The Möbius function and connected graphs, *J. Combinatorial Theory*, 11B(1971), 193–200.

[2] A. Cayley, A theorem on trees, *Quart. J. Math. Oxford Ser.* 23(1889), 376–378; *Collected Papers*, Cambridge 13(1897), 26–28.

[3] E. Catalan, Note sur une équation aux différences finite, *Journal de Mathématiques Pures et Appliquées* 3(1838), 508–516.

[4] N. G. de Bruijn, Genaralization of Pólya's fundamental theorem in enumerative combinatorial analysis, *Indag. Math.* 21(1959), 59–69.

[5] N. G. de Bruijn, Pólya's theory of counting, in *Applied Combinatorial Mathematics* (E. F. Beckenbach, ed.), pp.144–184, Wiley, New York, 1964.

[6] A. L. Cauchy, Mémoire sur diverses propriétés remarquables des substitutions régulières ou irrégulières, et des systèmes de substitutions conjugées(suite), *Comptes Rendus Acad. Sci. Paris* 21(1845), 972–987.

[7] A. Farrugia, *Self-complementary graphs and generalisations: a comprehensive reference manual*, University of Malta, 1999.

[8] G. W. Ford and G. E. Uhlenbeck, Combinatorial problems in the theory of graphs I, III, and IV, *Porc. Nat. Acad. Sci. U.S.A.* 42(1956),122–128, 529–535; 43(1957),163–167.

[9] F. G. Frobenius, Über die Congruenz nach einem aus zwei endlichen Gruppen gebildeten Doppelmodul, *Journal f.d. reine u. angew. Math.* (Crelle) 101(1887), 273–299.

[10] F. Harary, The number of linear, directed, rooted, and connected graphs, *Trans. Amer. Math. Soc.* 78(1955), 445–463.

[11] F. Harary, On the number of bi-colored graphs, *Pacific J. Math.* 8(1958), 743–755.

[12]　F. Harary, Exponentiation of permutation groups, *Amer. Math. Monthly* 66(1959), 572–575.

[13]　F. Harary, *Graph Theory*, Addison-Wesley, Reading Massachusetts, 1969. (和訳『グラフ理論』(池田貞雄訳) 共立出版, 1971.)

[14]　F. Harary and R. Z. Norman, Dissimilarity characteristic theorems for graphs, *Proc. Amer. Math. Soc.* 11(1960), 332–334.

[15]　F. Harary and E. M. Palmer, The power group enumeration theorem, *J. Combinatorial Theory* 1(1966), 157–173.

[16]　F. Harary and E. M. Palmer, *Graphical Enumeration*, Academic Press, New York and London, 1973.
(グラフの数え上げについて多岐にわたり詳しく取り上げており, グラフの数え上げの研究を志すものにとっては是非とも必要な良書である. また, 末章に未解決問題が多く収録されている.)

[17]　Y.-L. Jin, Enumeration of labelled connected graphs and Euler graphs with only one cut vertex, *Yokohama Mathematical Journal* 45(1997), 125–134.

[18]　K. Kobata and Y. Ohno, Edge colored complete graphs and a generalization of self-complementarity, To appear in *Utilitas Mathematica*.

[19]　P. A. MacMahon, *Combinatory Analysis I, II*, London: Cambridge Univ. Press (1915, 1916). (Reprinted by Chelsea, New York, 1960.)

[20]　J. W. Moon, Various proofs of Cayley's formula for counting trees, *A Seminar on Graph Theory, Holt, Rinehart and Winston*, New York(1967), 70–78.

[21]　A. Nakamoto, T. Shirakura and S. Tazawa, An alternative enumeration of self-complementary graphs, *Utilitas Mathematica* 80(2009), 25–32.

[22]　R. Otter, The number of trees, *Ann. of Math.* 49(1948), 583–599.

[23]　G. Pólya, Kombinatorische Anzahlbestimmungen für Gruppen, Graphen und chemische Verbindungen, *Acta Math.* 68(1937), 145–254.

[24]　R. C. Read, Euler graphs on labelled nodes, *Canad. J. Math.*, 14(1962), 482–486.

[25]　R. C. Read, On the number of self-complementary graphs and digraphs, *J. London Math. Soc.* 38(1963), 99–104.

[26]　J. H. Redfield, The theory of group-reduced distributions, *Amer. J. Math.* 49(1927), 433–455.

[27]　R. J. Riddell, *Contributions to the theory of condensation, Dissertation*, Univ. of Michigan, Ann Arbor, 1951.

[28]　G. Ringel, Selbstkomplementäre Graphen, *Arch. Math.* 14(1963), 354–358.

[29]　J. Riordan, *An Introduction to Combinatorial Analysis*, Princeton University Press, Princeton, New Jersey, 1978.

[30]　J. Riordan, *Combinatorial Identites*, Robert E. Krieger Publishing Company, Huntington, New York, 1979.

[31] S. Tazawa, The enumeration of labelled self-complementary graphs, To appear in *Utilitas Mathematica*.

[32] S. Tazawa and T. Shirakura, Enumeration of labelled graphs in which the number of odd-vertices and the size are given, *Kobe Journal of Mathematics*, 10(1993), 71–78.

[33] H. S. Wilf, *Generatingfunctionology*, Academic Press, New York and London, 1994.

索　引

【記号】

$\#M$　71

$a_{k,p}$　55

$(\alpha;\beta)$　62

$[\alpha;\beta_1,\beta_2]$　78

$[\alpha;\beta_1,\beta_2]'$　79

α'　63

$\alpha|Y$　67

$\mathfrak{A}_n$　76

$\mathfrak{a}_n$　121

A_x　64

B^A　62

$\mathfrak{b}_{m,n}$　94

B_n　52

$\mathfrak{b}_n(x)$　96

$B_n(y)$　57

$B'(x)$　53

$B(R_l)$　112

$B(x)$　52

$B_x(x,y)$　57

$B(x,y)$　57

$c_k(\beta)$　109

$c_k(\beta,x)$　114

C_n　41

$\mathcal{C}_n$　77

$\mathfrak{c}_n$　88

$\mathfrak{c}_{n,q}$　90

$C_n(x,y)$　49

$C_n(y)$　43

$C'(x)$　53

$C_1^{(r)}(x)$　53

$C^{(r)}(x)$　53

$C(x)$　41

$\mathfrak{c}(x)$　88

$C_x(x,y)$　57

$C(x,y)$　43

$\mathfrak{c}(x,y)$　90

$C(x,y,z)$　49

D　62

$\dec(\alpha)$　65

d_L　130

$d_L^{(\alpha)}$　130

$d(m,n)$　21

166　索　引

$\mathcal{D}_n$　77
$\mathcal{D}(\mathcal{S}_n)$　131
$d(u,v)$　101

$E(g)$　27
$e(g_V)$　25
ϵ　118
$es(n)$　122
$e^*(g)$　101
$\exp x$　2

$\mathfrak{F}_k$　74
$\mathfrak{f}_k$　73
$\mathfrak{F}_{k\ell}$　84
$\mathfrak{F}(x)$　74
$\mathfrak{f}(x)$　74
$\mathfrak{F}(x,y)$　84
$\mathfrak{f}(x,y)$　84

$\Gamma_1(g_V)$　63
$\Gamma_1(K_{m,n})$　94
$\Gamma_1(K_n)$　63
$\Gamma_1(K_{n,n})$　96
$\Gamma(g_V)$　36, 63
$\Gamma(K_n)$　63
$\Gamma(K_{n,n})$　96
$\mathcal{G}_n$　29
$\mathfrak{g}_n$　68
$g_{nk}^{(d)}$　44
$\mathfrak{g}_{n,q}$　87
$G_n(x)$　35
$\mathfrak{g}_n(x)$　87
$G_n(y)$　43
$G^{(r)}(x)$　36
$\mathcal{G}(V)$　29
$\overline{g_V}$　29
g_V　25
$G(x)$　36
$\mathfrak{g}(x)$　88

$G(x,y)$　43
$\mathfrak{g}(x,y)$　90

$H(m,k)$　15, 57
$H_{m,k}(y)$　58
$h(\mathfrak{S}_n:(j))$　69

ι　67
$I(r)$　73

$j_1(\alpha)$　65
$j_1(\alpha;\beta)$　107
$j_1(\alpha|Y)$　67
$j_2(\alpha)$　65
$\mathfrak{J}_n$　69
$(j'_1, j'_2, \ldots, j'_\mu)$　71
$j_t(\alpha;\beta)$　107

$K_{m,n}$　94
K_n　63
$\mathcal{K}_s(P)$　39
$k(u)$　101

$L^{(2)}$　30
$\lambda(ij)$　30
$l(g_V)$　38
$L_{ij}^{(2)}$　31
$\mathcal{L}^{(n)}$　129
$\mathcal{L}_\rho(\mathcal{S}_n)$　132
$\ell(r,t)$　70
$lsc(n)$　129
$lsc(n;\rho)$　132

$\mu(n)$　18

$N^{(2)}(g_V)$　31
$N(A)$　64
$N(B^A)$　110
$N(g_V)$　30
$n(g_V)$　25
$N_{ij}^{(2)}(g_V)$　31

索　引　167

$\mathfrak{N}_n$　30
$n^*(g)$　101
$N_Y(A)$　67

$\mathcal{O}(\mathcal{S}_n)$　131
$os(n)$　122

$\mathcal{P}_n$　63

R　62
R^D　62
$r(g)$　101
ρ　132

$\mathfrak{S}_2^{\mathcal{P}_n}$　121
$\mathfrak{S}_2[\mathfrak{S}_n]$　78
$(\mathfrak{S}_2[\mathfrak{S}_n])'$　79
$sc(n)$　122
$s(g_V)$　38
$\mathcal{S}_n$　119
$\mathfrak{S}_n$　63
$\mathfrak{S}_n^{[S]}$　119
$\mathfrak{S}_n^{[S]}(g)$　119
$s_\rho^{(n)}$　132
$\mathfrak{S}_V$　38
$\mathfrak{S}_X \times \mathfrak{S}_Y$　78

$\mathcal{T}_n$　103
$\mathfrak{T}_n$　98
$\mathfrak{t}_n$　101
t_n　51
$T^{(r)}(x)$　51
$\mathfrak{T}^{(r)}(x)$　98
$\mathfrak{t}(x)$　101
$type(\alpha)$　65

$U_\alpha^{(n)}(x)$　128
$U^{(n)}(x)$　129

$\binom{V}{2}$　25
$\vDash$　129

(V, E)　27
$V(g)$　27

$w_n(x, y)$　44
$w(r)$　73
$w(x, y, z)$　49

ξ_1　118
ξ_1　123
(X, Y, E)　94
$(X, Y, X \times Y)$　94

$Z(A)$　75
$Z(A, \mathfrak{f}(x))$　79
$Z(A; \mathfrak{f}(x), \mathfrak{f}(x^2), \mathfrak{f}(x^3), \ldots)$　79
$Z(A, \mathfrak{f}(x, y))$　84
$Z(A; \mathfrak{f}(x, y), \mathfrak{f}(x^2, y^2), \mathfrak{f}(x^3, y^3), \ldots)$　84
$Z(A; s_1, s_2, \ldots)$　76
$Z(A; s_k)$　76
$Z(B^A)$　108
$Z(\mathcal{C}_n)$　77
$Z(\mathcal{D}_n)$　77
$\zeta(g)$　102
$Z(\mathcal{P}_n)$　78
$Z(\mathfrak{S}_2[\mathfrak{S}_n])$　78
$Z((\mathfrak{S}_2[\mathfrak{S}_n])')$　79
$Z(\mathfrak{S}_m \times \mathfrak{S}_n)$　78
$Z(\mathfrak{S}_n)$　76

【ア行】

Abel の公式　17
位数　25
位置　62
インデックス　30
A-軌道　64
A-同値　64
(n, k, d)-標識グラフ　44
オイラー関数　77

大きさ　25
重み関数　73, 84
重み指数　73, 84

【カ行】

カタラン数　9
完全グラフ　63
完全2部グラフ　94
木　50
奇点　44
軌道の重み　74
軌道の重み指数　74
逆母関数　4
共役　69
共役類　69
距離　101
空グラフ　25
偶グラフ　44
偶点　44
グラフ　25
グラフの群　36
クロネッカーのデルタ　12
形式導関数　4
合成群　78
交代群　76
Cauchyの公式　69
固定元　64

【サ行】

サイクル　50
自己同型群　36
自己同型写像　36
自己補グラフ　29
自己補写像　119
次数　44
指数型母関数　2
自明なグラフ　25
巡回群　77

巡回指数　75
巡回成分　66
図形　62
図形数え上げ級数　74
接続している　26
切断点　52
全域部分グラフ　26
相似　63

【タ行】

単位群　62
単純グラフ　26
置換の型　65
中心　101
中心点　101
重複度　25
対群　63
通常型母関数　2
点　25
点-群　63
同型　27
同等　27

【ナ行】

2部グラフ　93
2部グラフの同型　94, 96
二面体群　77
根　36
根つき木　97
根つき標識グラフ　36

【ハ行】

配置　62
配置数え上げ級数　74
半径　101
B^A-軌道　112
B^A-同値　62
非相似　64

非標識グラフ　27
（非標識根つき）標識グラフ　36
標識完全グラフ　63
標識木　50
標識偶グラフ　44
標識グラフ　25
標識自己補グラフ　29
標識全域部分グラフ　26
標識単純グラフ　26
標識部分グラフ　26
標識ブロック　52
標識補グラフ　29
標識誘導部分グラフ　26
フィボナッチ数列　8
部集合　94
部分グラフ　26
ブロック　52
べき群　62
辺　25
辺-群　63

補グラフ　29

【マ行】

道　41
メービウス関数　18
メービウスの反転公式　19

【ヤ行】

誘導部分グラフ　26

【ラ行】

乱列　10
離心数　101
Riddell 型方程式　42
Riddell の方程式　42
隣接している　26
レス積　78
連結グラフ　41
連結成分　41

〈著者紹介〉

田澤　新成（たざわ　しんせい）
1972年　広島大学大学院理学研究科物理学専攻修士課程修了
1982年　近畿大学理工学部数物学科数学教室 着任
2010年　近畿大学総合社会学部総合社会学科環境系専攻 教授
現　在　近畿大学名誉教授
　　　　理学博士
専　門　離散数学
著　書　『グラフ理論への入門』（共訳，共立出版，1991）
　　　　『やさしいグラフ論 改訂版』（共著，現代数学社，2003）
　　　　『統計学の基礎と演習』（共著，共立出版，2005）

グラフの数え上げ ―母関数を礎にして― *Graphical Enumeration based on* *Generating Function* 2014年 5 月25日　初版 1 刷発行	著　者　田澤新成　© 2014 発行者　南條光章 発行所　共立出版株式会社 〒 112-8700 東京都文京区小日向4-6-19 電話　03-3947-2511（代表） 振替口座　00110-2-57035 URL http://www.kyoritsu-pub.co.jp/ 印　刷　啓文堂 製　本　ブロケード 一般社団法人 自然科学書協会 会員
検印廃止 NDC 415.7, 413.2 ISBN 978-4-320-11086-1	Printed in Japan

JCOPY ＜(社)出版者著作権管理機構委託出版物＞
本書の無断複写は著作権法上での例外を除き禁じられています．複写される場合は，そのつど事前に，(社)出版者著作権管理機構（電話 03-3513-6969, FAX 03-3513-6979, e-mail: info@jcopy.or.jp）の許諾を得てください．

新しい数学体系を大胆に再構成した教科書シリーズ!!

21世紀の数学 全27巻

編集委員：木村俊房・飯高　茂・西川青季・岡本和夫・楠岡成雄

高校での数学教育とのつながりを配慮し、全体として大綱化（4年一貫教育）を踏まえるとともに、数学の多面的な理解や目的別に自由な選択ができるように、同じテーマを違った視点から解説するなど複線的に構成し、各巻ごとに有機的なつながりをもたせている。豊富な例題とわかりやすい解答付きの演習問題を挿入し具体的に理解できるように工夫した、21世紀に向けて数理科学の新しい展開をリードする大学数学講座！

1 微分積分
黒田成俊 著……本体3800円（税別）
【主要内容】大学の微分積分への導入／実数と連続性／曲線，曲面／他

2 線形代数
佐武一郎 著……本体2500円（税別）
【主要目次】2次行列の計算／ベクトル空間の概念／行列の標準化／他

3 線形代数と群
赤尾和男 著……本体3400円（税別）
【主要目次】行列・1次変換のジョルダン標準形／有限群／他

4 距離空間と位相構造
矢野公一 著……本体3600円（税別）
【主要目次】距離空間／位相空間／コンパクト空間／完備距離空間／他

5 関数論
小松 玄 著……続　刊
【主要目次】複素関数／初等関数／コーシーの積分定理・積分公式／他

6 多様体
荻上紘一 著……本体3000円（税別）
【主要目次】Euclid空間／曲線／3次元Euclid空間内の曲面／多様体／他

7 トポロジー入門
小島定吉 著……本体3200円（税別）
【主要目次】ホモトピー／閉曲面とリーマン面／特異ホモロジー／他

8 環と体の理論
酒井文雄 著……本体3200円（税別）
【主要目次】代数系／多項式と環／代数幾何とグレブナ基底／他

9 代数と数論の基礎
中島匠一 著……本体3800円（税別）
【主要目次】初等整数論／環と体／群／付録：基礎事項のまとめ／他

10 ルベーグ積分から確率論
志賀徳造 著……本体3200円（税別）
【主要目次】集合の長さとルベーグ測度／ランダムウォーク／他

11 常微分方程式と解析力学
伊藤秀一 著……本体3800円（税別）
【主要目次】微分方程式の定義する流れ／可積分系とその摂動／他

12 変分問題
小磯憲史 著……本体3200円（税別）
【主要目次】種々の変分問題／平面曲線の変分／曲面の面積の変分／他

13 最適化の数学
茨木俊秀 著……本体3200円（税別）
【主要目次】最適化問題と最適性条件／最適化問題の双対性／他

14 統　計 第2版
竹村彰通 著……本体2700円（税別）
【主要目次】データと統計計算／線形回帰モデルの推定と検定／他

15 偏微分方程式
磯 祐介・久保雅義 著……続　刊
【主要目次】楕円型方程式／最大値原理／極小曲面の方程式／他

16 ヒルベルト空間と量子力学
新井朝雄 著……本体3400円（税別）
【主要目次】ヒルベルト空間／ヒルベルト空間上の線形作用素／他

17 代数幾何入門
桂 利行 著……本体3200円（税別）
【主要目次】可換環と代数多様体／代数幾何符号の理論／他

18 平面曲線の幾何
飯高 茂 著……本体3400円（税別）
【主要目次】いろいろな曲線／射影曲線／平面曲線の小平次元／他

19 代数多様体論
川又雄二郎 著……本体3400円（税別）
【主要目次】代数多様体の定義／特異点の解消／代数曲面の分類／他

20 整数論
斎藤秀司 著……本体3400円（税別）
【主要目次】初等整数論／4元数環／単純環の一般論／局所類体論／他

21 リーマンゼータ函数と保型波動
本橋洋一 著……本体3400円（税別）
【主要目次】リーマンゼータ函数論の最近の展開／他

22 ディラック作用素の指数定理
吉田朋好 著……本体3800円（税別）
【主要目次】作用素の指数／幾何学におけるディラック作用素／他

23 幾何学的トポロジー
本間龍雄 他著……本体3800円（税別）
【主要目次】3次元の幾何学的トポロジー／レンズ空間／良い写像／他

24 私説 超幾何学関数
吉田正章 著……本体3800円（税別）
【主要目次】射影直線上の4点のなす配置空間X(2,4)の一意化物語／他

25 非線形偏微分方程式
儀我美一・儀我美保 著……本体4000円（税別）
【主要目次】偏微分方程式の解の漸近挙動／積分論の収束定理／他

26 量子力学のスペクトル理論
中村 周 著……本体3600円（税別）
【主要目次】導入：1次元の量子力学系／議論の枠組み／他

27 確率微分方程式
長井英生 著……本体3600円（税別）
【主要目次】ブラウン運動とマルチンゲール／拡散過程Ⅱ／他

■各巻：A5判・上製・204〜448頁　　**共立出版**　　http://www.kyoritsu-pub.co.jp/

共立叢書 現代数学の潮流

編集委員：岡本和夫・桂 利行・楠岡成雄・坪井 俊

新しいが変わらない数学の基礎を提供した「共立講座 21世紀の数学」に引き続き，21世紀初頭の数学の姿を描くシリーズ．これから順次出版されるものは，伝統に支えられた分野，新しい問題意識に支えられたテーマ，いずれにしても現代の数学の潮流を表す題材であろうと自負する．学部学生，大学院生はもとより，研究者を始めとする数学や数理科学に関わる多くの人々にとり，指針となれば幸いである． ≪各冊：A5判・上製本・税別本体価格≫

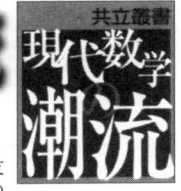

離散凸解析
室田一雄著 離散凸解析の目指すもの／組合せ構造とは／離散凸関数の歴史／組合せ構造をもつ凸関数／離散凸集合／M凸関数／L凸関数／共役性と双対性／他・・・・・・・・・・・・・318頁・本体4,000円

積分方程式 ──逆問題の視点から──
上村 豊著 Abel積分方程式とその遺産／Volterra積分方程式と逐次近似／非線形Abel積分方程式とその応用／Wienerの構想とたたみこみ方程式／乗法的Wiener-Hopf方程式／他 304頁・本体3,600円

リー代数と量子群
谷崎俊之著 リー代数の基礎概念(包絡代数／リー代数の表現／可換リー代数のウェイト表現／生成元と基本関係式で定まるリー代数／他)／カッツ・ムーディ・リー代数／他・・・・・・276頁・本体3,600円

グレブナー基底とその応用
丸山正樹著 可換環(可換環とイデアル／可換環上の加群／多項式環／素元分解環／動機と問題)／グレブナー基底／消去法とグレブナー基底／代数幾何学の基本概念／他・・・・・・272頁・本体3,600円

多変数ネヴァンリンナ理論とディオファントス近似
野口潤次郎著 有理型関数のネヴァンリンナ理論／第一主要定理／他・・・276頁・本体3,600円

超函数・FBI変換・無限階擬微分作用素
青木貴史・片岡清臣・山崎 晋共著 多変数整型函数とFBI変換／322頁・本体4,000円

可積分系の機能数理
中村佳正著 モーザーの戸田方程式研究：概観／直交多項式と可積分系／直交多項式のクリストフェル変換とqdアルゴリズム／dLV型特異値計算アルゴリズム／他・・・・・・・・224頁・本体3,600円

代数方程式とガロア理論
中島匠一著 代数方程式／多項式の既約性／線型空間／体の代数拡大／体の代数拡大／ガロア理論／ガロア理論の応用／付録：必要事項のまとめ(集合・写像・論理／他・・・・・444頁・本体4,000円

レクチャー結び目理論
河内明夫著 結び目の科学／絡み目の表示／絡み目に関する初等的トポロジー／標準的な絡み目の例／ゲーリッツ不変量／ジョーンズ多項式／ザイフェルト行列／他・・・・・・208頁・本体3,400円

ウェーブレット
新井仁之著 有限離散ウェーブレットとフレーム／基底とフレームの一般理論／無限離散信号に対するフレームとマルチレート信号処理／連続信号に対するウェーブレット／他 480頁・本体5,200円

微分体の理論
西岡久美子著 基礎概念(超越拡大／線形無関連，代数的無関連／付値環／微分／微分多項式環)／万有拡大／線形代数群／Picard-Vessiot拡大／1変数代数関数体／他・・・・・・214頁・本体3,600円

続刊テーマ（五十音順）
アノソフ流の力学系	松元重則
極小曲面	宮岡礼子
剛 性	金井雅彦
作用素環	荒木不二洋
写像類群	森田茂之
数理経済学	神谷和也
制御と逆問題	山本昌宏
相転移と臨界現象の数理	田崎晴明・原 隆
代数的組合せ論入門	坂内英一・坂内悦子・伊藤達郎
特異点論における代数的手法	渡邊敬一・日高文夫
粘性解	石井仁司
保型関数特論	伊吹山知義
ホッジ理論入門	斎藤政彦

（価格，続刊テーマは変更される場合がございます）

共立出版
http://www.kyoritsu-pub.co.jp/

● ここがわかれば数学はこわくない！

数学の かんどころ

《編集委員会》
飯高　茂・中村　滋
岡部恒治・桑田孝泰

数学理解の要点(極意)ともいえる"かんどころ"を懇切丁寧にレクチャー。ワンテーマ完結＆コンパクト＆リーズナブル主義の現代的な数学ガイドシリーズ。【各巻：A5判・並製・税別本体価格】

① 内積・外積・空間図形を通して
ベクトルを深く理解しよう
飯高　茂著・・・・・・・・・・122頁・本体1,500円

② **理系のための行列・行列式**
めざせ！ 理論と計算の完全マスター
福間慶明著・・・・・・・・・・208頁・本体1,700円

③ **知っておきたい幾何の定理**
前原　濶・桑田孝泰著 176頁・本体1,500円

④ **大学数学の基礎**
酒井文雄著・・・・・・・・・・148頁・本体1,500円

⑤ **あみだくじの数学**
小林雅人著・・・・・・・・・・136頁・本体1,500円

⑥ **ピタゴラスの三角形とその数理**
細矢治夫著・・・・・・・・・・198頁・本体1,700円

⑦ **円錐曲線** 歴史とその数理
中村　滋著・・・・・・・・・・158頁・本体1,500円

⑧ **ひまわりの螺旋**
来嶋大二著・・・・・・・・・・154頁・本体1,500円

⑨ **不等式**
大関清太著・・・・・・・・・・200頁・本体1,700円

⑩ **常微分方程式**
内藤敏機著・・・・・・・・・・264頁・本体1,900円

⑪ **統計的推測**
松井　敬著・・・・・・・・・・220頁・本体1,700円

⑫ **平面代数曲線**
酒井文雄著・・・・・・・・・・216頁・本体1,700円

⑬ **ラプラス変換**
國分雅敏著・・・・・・・・・・200頁・本体1,700円

⑭ **ガロア理論**
木村俊一著・・・・・・・・・・214頁・本体1,700円

⑮ **素数と２次体の整数論**
青木　昇著・・・・・・・・・・250頁・本体1,900円

⑯ **群論，これはおもしろい**
トランプで学ぶ群
飯高　茂著・・・・・・・・・・172頁・本体1,500円

⑰ **環論，これはおもしろい**
素因数分解と循環小数への応用
飯高　茂著・・・・・・・・・・190頁・本体1,500円

⑱ **体論，これはおもしろい**
方程式と体の理論
飯高　茂著・・・・・・・・・・152頁・本体1,500円

⑲ **射影幾何学の考え方**
西山　享著・・・・・・・・・・240頁・本体1,900円

⑳ **絵ときトポロジー** 曲面のかたち
前原　濶・桑田孝泰著 128頁・本体1,500円

㉑ **多変数関数論**
若林　功著・・・・・・・・・・184頁・本体1,900円

㉒ **円周率** 歴史と数理
中村　滋著・・・・・・・・・・240頁・本体1,700円

㉓ **連立方程式から学ぶ行列・行列式**
意味と計算の完全理解　岡部恒治・長谷川
愛美・村田敏紀著・・・・・・232頁・本体1,900円

㉔ わかる！使える！楽しめる！**ベクトル空間**
福間慶明著・・・・・・・・・・198頁・本体1,900円

㉕ **早わかりベクトル解析**
３つの定理が織りなす華麗な世界
澤野嘉宏著・・・・・・・・・・208頁・本体1,700円

㉖ **確率微分方程式入門**
数理ファイナンスへの応用
石村直之著・・・・・・・2014年6月発売予定

以下続刊

http://www.kyoritsu-pub.co.jp/

共立出版

(価格は変更される場合がございます)

公式Facebook
https://www.facebook.com/kyoritsu.pub